나는 할 수 있다!

현재 체중 _________ kg

목표 체중 _________ kg

저칼로리 저염 레시피

저칼로리 저염 레시피

체중 DOWN
건강 UP

CJ프레시웨이 지음

다이어트의 필수 요소인 운동과 식이요법 중에서 특히 음식 조절에 어려움을 호소하는 분들이 많습니다. 무작정 굶거나 식사량 최대한 줄이기, 혹은 체중 조절에 좋다는 몇 가지 음식만 별도의 조리 없이 돌아가면서 먹기 등은 누구나 알고 또 가장 많이 실행하는 방법이지만 부작용 또한 만만치 않습니다. 몸은 지치고 입과 마음은 질려버려 체중 조절에 대한 의지를 약하게 만들 뿐 아니라 최악의 경우 건강을 심하게 해칠 수도 있습니다.

'적은' 체중이 아닌 '적당한' 체중을 유지하는 것은 모든 사람에게 중요합니다. 외모의 문제가 아니라 오랫동안 건강하게, 즉 양질의 삶을 사는 문제와 직결되기 때문입니다. 이미 '비만'이 영향을 주는 수많은 생활습관병과 그 위험성은 널리 알려져 있습니다. 현재 비만인들은 꼭 건강한 방법을 활용해 적정 체중으로 줄여야 하고, 적정 체중인 분들은 그 상태를 유지하도록 노력해야 합니다. 이 책에서 소개하는 '503 식단'은 이와 관련한 식습관, 식이요법 부분에 도움을 드리고자 만들어졌습니다.

2012년도에 맛과 영양, 포만감까지 제공하는 저칼로리 레시피 153가지를 담은 「500칼로리 다이어트」 출간을 통해 독자 여러분에게 다이어트

식단을 소개하였고, CJ주식회사 구내식당에서 직원들을 대상으로 503 식단을 처음 제공하였습니다. 이 식단은 초기에는 신청자 수가 20~30명에 불과했지만, 1개월 이상 경험한 직원들의 체중 감량과 몸의 건강한 변화가 입소문을 타면서 신청자 수가 점차 늘어났습니다. "싱겁지만 식재료 본연의 맛이 조화를 잘 이룬다.", "채소 샐러드가 풍성하게 나와서 좋다.", "현미밥이 기대 이상으로 맛있다.", "건강식이라는 생각에 심적으로 안심이 된다.", "소화가 잘 된다." 등의 건강한 체험을 한 직원들이 늘어나게 되었습니다.

직원들의 뜨거운 반응에 확신을 얻어 2호점 서울특별시 보라매병원, 3호점 KB국민카드, 4호점 CJ오쇼핑 등으로 확대하게 되었고, 연이어 운영한 점포에서도 고객들의 건강한 변화 체험은 계속 되어, 이러한 좋은 고객 사례를 독자 여러분에게 소개해 드리려고 합니다. 또한 새롭게 개발한 균형 잡힌 맛있는 한식, 몸이 가벼워지는 똑똑한 양식, 다양하고 푸짐한 일품밥, 고칼로리 외식 메뉴의 놀라운 변신 일품면, 집 밖에서도 걱정 없이 즐길 수 있는 저칼로리 도시락까지 '503 식단'의 특징과 구체적인 레시피 및 유용한 팁을 상세하게 제시합니다.

열량과 소금
각 식단의 1인분에 해당되는 열량
(kcal)과 소금의 양(g)을 표시했습
니다.

식단 영양소
각 식단의 1인분에 해당하는 열량, 당질, 단
백질, 지질, 나트륨을 식품영양분석 프로그램
(Can-pro 3.0)으로 분석하여 표시했습니다.

메뉴 콘셉트 설명
열량을 줄이고 염분량을 낮췄음에도 포만감을 주
는 각 식단의 콘셉트를 자세히 설명했습니다.

돼지고기숙주볶음

열량	당질	단백질	지질	나트륨
174kcal	4g	11g	12g	253mg

Ready
돼지고기(등심) 60g, 숙주 30g, 소금 0.3g, 식용유 2g **고기양념** 진간장 2g, 다진 마늘 2g, 올리고당 2.5g, 설탕 0.5g, 후추 0.2g

How to Make
1 돼지고기는 핏물을 빼준다.
2 숙주는 깨끗이 씻어 담아 놓는다.
3 분량의 재료로 양념장을 만들어 돼지고기를 재어 놓는다.
4 **3**을 팬에서 볶아 주다가 어느 정도 익으면 숙주를 넣고 다시 한번 볶아 살짝 익힌 후 담아낸다.

TIP 숙주는 센불에서 단시간에 볶아야 숨이 죽지 않고 수분이 생기지 않는다.

도토리묵참나물무침

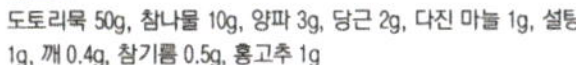

열량	당질	단백질	지질	나트륨
39kcal	8g	1g	1g	29gm

Ready
도토리묵 50g, 참나물 10g, 양파 3g, 당근 2g, 다진 마늘 1g, 설탕 1g, 깨 0.4g, 참기름 0.5g, 홍고추 1g

How to Make
1 도토리묵은 씻어서 먹기 좋은 크기로 썬다.
2 참나물은 깨끗이 씻어 다듬은 후 먹기 좋게 자르고 양파, 당근은 얇게 채썰어 놓는다.
3 **1, 2**에 다진 마늘, 설탕, 깨, 참기름을 넣고 잘 무쳐낸다.
4 홍고추는 씻어서 어슷썰기 한 후 **3**에 고명으로 얹어낸다.

TIP 도토리묵은 구입 후 빨리 먹는 것이 좋고 냉장고에 오래 보관한 도토리묵은 먹기 직전, 끓는 물에 살짝 데쳐서 요리하면 쓴맛을 줄일 수 있다.

해물해파리냉채

열량	당질	단백질	지질	나트륨
53kcal	6g	6g	1g	289mg

Ready
해파리 15g, 오징어 20g, 맛살 5g, 무 10g, 소금 0.2g, 오이 5g, 양파 5g, 당근 5g **냉채소스** 겨자 0.7g, 설탕 3g, 식초 2g, 다진 마늘 1g, 소금 0.2g, 깨 0.2g, 물 적당량

How to Make
1 해파리는 물에 담가 염분을 빼고 끓는 물에 단시간 데친 후 찬물에 헹궈 물기를 빼고 적당한 크기로 자른다.
2 오징어는 깨끗이 씻어 얇게 채썬 뒤 끓는 물에 살짝 데친 후 찬물에 헹구고 체에 밭쳐 물기를 뺀다.
3 맛살은 잘게 찢어놓고 무는 깨끗이 씻어 채썬 뒤 소금에 살짝 절인 후 물기를 빼서 준비한다.
4 겨자는 찬물에 엉기지 않도록 개어 따뜻한 곳에서 숙성시킨 후 분량의 재료를 넣어 냉채소스를 만든다.
5 해파리, 오징어, 맛살을 혼합한 후 준비한 냉채소스에 버무려낸다.

TIP 해파리는 끓는 물을 끼얹어 사용해도 된다. 소스에 버무린 뒤 오래 두면 물이 생기므로 먹기 전에 버무려 내도록 한다.

현미밥

열량	당질	단백질	지질	나트륨
188kcal	46g	4g	0g	13mg

Ready
현미밥 2/3공기(140g)

TIP 현미는 뚝배기를 이용해서 밥을 지으면 식이섬유도 보존되고 더 고소해진다.

냉이국

열량	당질	단백질	지질	나트륨
42kcal	6g	5g	1g	347mg

Ready
냉이 50g, 된장 5g, 다진 마늘 1g, 대파 2g **멸치국물** 마른 멸치 3g, 건다시마 2g, 무 10g, 대파 5g, 물 적당량

How to Make
1 분량의 재료를 넣어 멸치국물을 준비한다.
2 냉이는 흙을 털어내고 잘 씻어서 다듬어 놓는다.
3 준비된 멸치국물에 된장을 푼다.
4 **3**에 냉이와 마늘을 넣고 끓인 후 대파를 띄워 마무리한다.

과일

열량	당질	단백질	지질	나트륨
27kcal	7g	0g	0g	2mg

Ready
키위 50g

CONTENTS

PART 1

저칼로리 저염 503 다이어트란?

내 몸에 기적이! 503 레시피를 소개합니다!

균형 잡힌 식단으로 맛있게 차린 **503** 한식

503

저칼로리 저염
503 다이어트란?

이 책에서 소개하는 '503 다이어트'란 열량 500kcal 이하, 소금 3g 이내의 메뉴로 구성된 식단을 이용한 건강하고 효과적인 다이어트 방법을 말합니다. 칼로리를 결정하는 식단의 메뉴 수, 균형 잡힌 식단 구성을 위한 식품군 이해, 식품군별 급원식품 및 1회 분량, 메뉴별 강약의 조화를 이룬 맛있고 배부른 저칼로리ㆍ저염식 다이어트 식단을 소개합니다.

칼로리 낮추기?
메뉴 수를 조절하자!

메뉴 수는 칼로리에 많은 영향을 미치므로 특히나 중요합니다. 이 책에서는 한식 식단의 경우, 밥(또는 빵, 면), 국(또는 수프), 어육류 반찬 1~2개, 채소 반찬 1~2개, 과일 후식(또는 주스)으로 구성하였습니다. 김치는 소금 함량이 높아 식단 구성에서 제외한 대신, 채소 반찬으로 겉절이, 초절임, 피클 등을 제공하여 대체했습니다. 그리고 과일 후식은 칼로리에 맞도록 선택하면 됩니다.

일품밥(면)의 경우 '밥(면)+어육류 반찬+채소 반찬'을 한 그릇에 담아 구성하게 되면 메뉴 수가 적어질 수 있습니다. 따라서 위에 소개한 정식일 때의 메뉴 수를 기본으로 하되, 일품밥, 일품면, 죽, 도시락 등의 메뉴로 구성할 때는 그에 맞게 메뉴 수 조절은 가능합니다. 그럼 메뉴 수는 결정됐고, 다음 단계에서는 여러 가지 식품을 선택하는 방법과 메뉴별 1회 분량 정하기에 대해 설명하겠습니다.

칼로리만 낮추면 끝?
영양소 균형을 잊지 말자!

칼로리 낮추기에만 신경 쓰다 보면 영양소 불균형이 생기기 쉽습니다. 특히 한국인들의 불규칙한 식습관은 영양 불균형을 초래합니다. 한국인 5명 중 1명 이상(20.3%)은 아침식사를 하지 않는데(2011년 국민건강영양조사), 아침을 먹지 않으면 점심에 과식을 하거나 영양가는 낮고 칼로리는 높은 간식을 먹기 쉽습니다. 영양소 균형을 잘 맞추기 위해 꼭 알아두어야 할 것이 바로 '식품군'입니다. 식품군이란 매일 밥상에 올라오는 여러 가지 식품을 6가지(곡류군, 어육류군, 채소군, 지방군, 우유군, 과일군)로 구분하여, 영양소 구성이 비슷한 것끼리 묶어놓은 것을 말합니다. 식품군별로 다양한 식품을 선택해야 최적의 영양소 균형을 맞출 수 있습니다. 식품군별 주요 영양소와 역할은 다음과 같습니다.

No	구분	주요 영양소	주요 역할
1	곡류군	탄수화물, 단백질, 섬유소	• 생명을 유지하고 활동하는 데 필요한 중요한 에너지원이다. • 전체 열량의 60%가 적당하다.
2	어육류군	단백질, 지방	• 몸의 구성성분으로 에너지원의 역할을 한다. • 단백질 중에 필수아미노산은 몸에서 직접 생성하지 못하고 반드시 음식물을 통해 얻어야 하며 동물성 단백질에 많이 포함되어 있다. • 전체 열량의 15~20%가 적당하다.
3	채소군	비타민, 무기질, 섬유소	• 신체의 여러 기능을 조절하고, 신체조직을 구성하는 주요 원료로 사용되는 영양소이다.
4	지방군	지방	• 몸의 구성성분으로 에너지원의 역할을 한다. • 동물성 지방보다 식물성 지방(참기름, 들기름, 올리브유 등)의 사용을 권한다. • 전체 열량의 20% 이내가 적당하다.
5	우유군	단백질, 지방, 칼슘	• 몸의 구성성분으로 에너지원의 역할을 한다. • 뼈와 치아의 구성성분이다.
6	과일군	비타민, 무기질, 섬유소	• 신체의 여러 기능을 조절하고, 신체조직을 구성하는 주요 원료로 사용되는 영양소이다.

식품별 식단 구성은 이렇게!

식재료마다 칼로리가 모두 다르기 때문에 식품군별 1회 분량을 고려하여 STEP 1(p.14)에서 제시한 메뉴 수에 맞게 500kcal(±10% 내외) 식단을 구성합니다. 여기서 급원식품을 이해할 필요가 있는데, 급원식품이란 특정 영양소를 공급하는 식품을 말합니다. 급원식품을 알아야 음식을 골고루 먹을 수 있습니다. 그렇다면 식품군별 급원식품은 무엇이고, 1회 분량은 얼마나 될까요?

식품군	곡류군	어육류군	채소군	지방군	우유군	과일군
500칼로리	200kcal	75~150kcal	60kcal	45kcal	63kcal	25kcal
	2회	1.5~2회	2~3회	1회	0.5회	0.5회
메뉴 수	밥/빵/면 1개	어육류찬 1~2개	국/수프 1개 채소찬 1~2개			열량에 따라 선택

● 곡류군

곡류군이란 탄수화물이 많이 들어 있는 식품으로 주로 밥, 빵, 면 등의 주식이 여기에 해당됩니다. 곡류군 1회 분량의 기준 열량은 10kcal이고, 사진으로 표기된 보리밥, 식빵, 고구마, 삶은 국수, 감자의 경우 중량은 서로 다르지만 열량은 100kcal로 동일합니다.

이 책이 제시하는 '503 식단'에서 곡류군은 2회 분량(200kcal)으로 구성합니다. 예를 들어 한식 세트에서 보리밥을 제공할 경우, 곡류군 2회는 보리밥 140g을 말합니다. 또 양식 세트에서 밥과 빵을 함께 제공할 경우, 밥은 70g, 빵은 35g을 제공하여 2회 분량으로 구성합니다.

대표식품		1회 분량(g)
보리밥		70
식빵		35
고구마		80
삶은 국수		70
감자		130

급원식품	1회 분량(g)	급원식품	1회 분량(g)
쌀밥	70	식빵	35
보리밥	70	인절미	50
찹쌀	30	삶은국수	90
율무	30	고구마	100
모닝빵	35	옥수수	50
바게트빵	35	크래커	20
미숫가루	30	도토리묵	200
밀가루	30	감자	130

※곡류군 1회 분량 : 탄수화물 23g, 단백질 2g, 열량 100kcal

● 어육류군

어육류군이란 단백질이 많이 들어 있는 식품으로 소고기, 돼지고기, 닭고기, 생선, 두부 등이 여기에 속합니다. 어육류군은 지방 함량에 따라 저지방, 중지방, 고지방으로 나뉘는데 돼지 족발, 삼겹살, 소갈비, 장어 등은 고지방에 속하기 때문에 열량이 높아 식단 구성에서 제외하였습니다.

어육류군은 저지방의 경우, 1회 분량의 기준 열량은 50kcal이고, 사진으로 표기된 소고기, 오징어, 조갯살의 경우 중량은 서로 다르지만 열량은 50kcal로 동일합니다.

이 책이 제시하는 '503 식단'에서 어육류군은 1.5~2회 분량으로 구성합니다. 저지방으로 2회 구성하면 100kcal, 중지방으로 2회를 구성하면 150kcal가 됩니다. 예를 들어 한식 세트에서 매운닭가슴살볶음을 1.5회 제공할 경우 닭가슴살 60g을 사용하고, 양식 세트에서 연어스테이크를 2회 제공할 경우 연어 100g을 사용합니다.

저지방 1회 분량

대표식품	1회 분량(g)
소고기 (살코기)	70
오징어	35
조갯살	130

급원식품	1회 분량(g)	급원식품	1회 분량(g)
닭고기(살코기)	40	물오징어	50
육포	15	낙지	100
광어	50	멸치,뱅어포,북어	15
대구	50	꽃게	70
동태	50	새우(중하)	50
연어	50	굴	70
조기	50	조갯살	70

※어육류군 저지방 1회 분량 : 단백질 8g, 지방 2g, 열량 50kcal

중지방 1회 분량

대표식품	1회 분량(g)
고등어	70
달걀	35
두부	80
소고기 (안심)	70
돼지고기 (안심)	130

급원식품	1회 분량(g)	급원식품	1회 분량(g)
고등어	50	메추리알	50
이면수	50	두부	90
삼치	50	순두부	200
꽁치	50	연두부	150
돼지고기(안심)	40	장어	50g
소고기 (등심, 안심)	40	갈치	50g
햄(로스)	40	달걀	55

※어육류군 중지방 1회 분량 : 단백질 8g, 지방 5g, 열량 75kcal

●채소군

채소군은 생리조절 작용을 하는 비타민과 무기
질이 풍부하고, 1회 분량의 기준 열량은 20kcal
로 매우 낮습니다. 채소류, 해조류, 버섯류 등
이 모두 여기에 해당하며 생채소는 하루에
350g 정도를 섭취하는 것이 적당합니다. 이 책
의 '503 식단'에서는 곡류군과 어육류군을 제한
하여 열량을 낮췄기 때문에 평소 식사보다 양
이 줄었다고 느낄 수 있습니다. 따라서 현명한
조리법(샐러드, 찜, 볶음 등)으로 채소 반찬의
구성을 늘려서 포만감을 느낄 수 있는 식단을
구성할 수 있습니다.

1회 분량

대표식품	1회 분량(g)
시금치	70
표고버섯	50
풋고추	70
당근	60

급원식품	1회 분량(g)	급원식품	1회 분량(g)	급원식품	1회 분량(g)
부추	70	깍두기	50	쑥갓	70
깻잎	20	도라지(생)	50	호박	70
양송이버섯	70	양배추	70	콩나물	70
아욱	50	양파	50	풋고추	70
숙주	70	오이	70	피망	70
고사리	70	가지	70	무	70
시금치	70	김	2	무말랭이	10

※채소군 1회 분량 : 탄수화물 3g, 단백질 2g, 열량 20kcal

●지방군

콩기름, 참기름 등의 식물성 기름과 버터와 같
은 동물성 기름 그리고 견과류 등이 지방군에
속합니다. 지방은 에너지원의 역할을 하지만,
열량이 탄수화물과 단백질에 비해 1g당 9kcal
로 높은 편이므로 조리 시에 주의해야 합니다.
지방군 1회 분량의 기준 열량은 45kcal로 식물
성 기름의 경우 5g(1작은술)에 해당합니다.
이 책이 제시하는 '503 식단'에서 지방군은 1회
분량(45kcal)으로 구성합니다. 예를 들어 삼치
구이와 견과류 샐러드를 함께 제공할 경우, 삼
치구이에는 0.5회인 2.5g의 식용유를 사용하
고, 견과류 샐러드에도 0.5회인 4g을 사용하여
1회 분량을 계산합니다.

1회 분량

대표식품	1회 분량(g)
콩기름	5
버터	5
땅콩	8
마요네즈	5

급원식품	1회 분량(g)	급원식품	1회 분량(g)
식용유	5	베이컨	7
들기름	5	땅콩	10
콩기름	5	아몬드	8
참기름	5	잣	8
버터	6	참깨	8
마가린	6	호두	8

※지방군 1회 분량 : 지방 5g, 열량 45kcal

●우유군

우유, 두유 등이 대표적인 우유군 식품입니다. 우유는 지방 함량이 낮은 저지방이나 무지방 우유를 선택하는 것이 좋습니다. 우유군 1회 분량의 열량은 일반 우유가 125kcal인데 비해 저지방 우유는 80kcal로 약 35% 정도 낮습니다. 우유로 만든 호상 요구르트도 우유군에 속한다고 생각할 수 있지만 아무것도 첨가되지 않은 플레인 요구르트 외에는 우유군이라 볼 수 없습니다. 보통 호상 요구르트에는 우유뿐만 아니라 설탕이나 과일이 많이 들어 있습니다.

1회 분량

대표식품	1회 분량(ml)
일반 우유	200
두유(무가당)	200

급원식품	1회 분량(ml)	급원식품	1회 분량(ml)
락토 우유	200	전지분유	25
저지방 우유(2%)	200	조제분유	25

※우유군 1회 분량 : 탄수화물 10g, 단백질 6g, 지방 7g, 열량 125kcal
※저지방 우유(2%)는 탄수화물 10g, 단백질 6g, 지방 2g, 열량 80kcal

●과일군

과일군은 채소군과 마찬가지로 비타민, 무기질, 항산화 영양소가 풍부하지만 채소에 비해 열량이 높은 편입니다. 통조림 과일, 시판용 주스 등은 당분과 나트륨이 높으므로 신선한 과일을 섭취하는 것이 건강에 더 좋습니다. 특히 껍질째 먹을 수 있는 과일은 깨끗이 씻어서 그대로 먹는 것이 좋습니다. 이 책에서 과일군은 샐러드, 과일 후식, 과일 음료 등이 주로 사용되었고, 과일 후식과 과일 음료는 식단의 열량에 따라 양을 조절하였습니다.

1회 분량

대표식품	1회 분량(g)
귤	120
바나나	50
사과	80

급원식품	1회 분량(g)	급원식품	1회 분량(g)	급원식품	1회 분량(g)
단감	80	수박	250	사과	100
연시	80	과일주스	100	천도복숭아	200
귤	100	참외	120	바나나	60
오렌지	100	키위	100	배	100
딸기	150	토마토	250	포도	100

※과일군 1회 분량 : 탄수화물 12g, 열량 50kcal

STEP 4

짠 음식은 백해무익!
저염식 즐겁게 먹는 노하우

소금은 나트륨(Na)과 염소(Cl)로 구성되어 있는데, 여기서 짠맛을 내는 것은 나트륨입니다. 나트륨은 건강과 생명을 유지하는 데 꼭 필요한 영양소로 적당량을 섭취하면 우리 몸의 혈액을 비롯한 수분량 조절, 체액 산·알칼리 평형 유지, 신경전달 및 근육수축, 세포에 영양전달, 소염작용 등의 다양한 역할을 합니다. 그러나 오랜 기간 과다 섭취하면 혈압상승으로 인한 심혈관질환 및 뇌졸중 유발, 골밀도 저하, 신장기능 저하, 위염 및 위암 발생, 비만 및 부종 유발 등의 각종 질병을 초래할 수 있습니다. 그렇다면 똑소리 나는 나트륨 섭취 방법은 무엇일까요? 세계보건기구(WHO)에 따르면 하루 소금 섭취 권장량은 2,000mg(소금 5g)입니다. 한국인은 하루 평균 4,831mg(소금 12g)을 섭취하고 있는데, 이는 세계보건기구의 권장량보다 약 2.5배나 많은 양입니다. 따라서 이 책의 '503 식단'에서는 나트륨을 한끼 당 1,200mg(소금 3g)으로 구성, 국민건강영양조사 결과보다 한끼 소금 섭취량을 25% 감량하여 식단을 구성하였습니다.

2010년 국민건강영양조사에 따르면 우리 국민이 나트륨을 많이 섭취하게 되는 음식을 보면 국/찌개/면류가 31.5%, 김치가 22.5% 순으로 높게 나타났습니다. 따라서 이 책에서는 한식 식단의 경우, 국은 국물이 100cc 내외로 제공되도록 국그릇을 작은 것으로 바꾸어 나트륨 섭취를 줄일 수 있도록 하였습니다. 그리고 김치는 피클, 초절임 등으로 대체하여 소금 사용을 줄였습니다. 또한 이 책에서는 메뉴 카테고리별 최적의 소금 사용량을 정해 그 범위 내에서 식단을 구성하였습니다.

메뉴 카테고리별 소금 사용량

메뉴 카테고리	소금(g)	비고
일품밥/면	1.0~1.5g 이하	
국	0.8g 이하	국물 100cc
주 반찬	1.0g 이하	
샐러드	0.5~0.6g	
피클/김치류	0.5g 이하	열량 100kcal 이하

소금 1g과 동일한 양념의 양은 다음 그림과 같습니다. 소금 1g에 해당하는 양념별 환산량이 모두 다르기 때문에 조리를 할 때 대충 눈대중으로 하지 말고 계량스푼이나 계량저울 등을 사용하여 소금량을 체크하면서 조리하는 것이 좋습니다.

[출처 : 식약청/보건복지부 자료]

TIP 나트륨 섭취를 줄이기 위한 식품 선택 및 조리, 외식 방법

POINT 1 식품 고를 때

1. 가공식품보다는 가능한 자연식품을 선택합니다.
2. 가공식품을 고를 때는 영양 표시를 반드시 읽고 나트륨 함유량이 적은 것을 선택합니다.
3. 장아찌, 젓갈, 염장미역과 같은 염장식품은 되도록 선택하지 않습니다.
4. 양념류는 저염간장, 저염된장, 저나트륨소금과 같은 저염제품을 선택합니다.
5. 생선자반 대신 신선한 생선, 냉동채소 대신 신선한 채소를 선택합니다.

POINT 2 조리 할 때

1. 가능한 먹기 직전에 음식의 간을 맞춥니다.
2. 소금을 적게 넣는 대신 향미채소나 향신료 등을 사용하여 맛을 냅니다.
3. 생선자반, 염장미역, 해산물 등 소금기가 많은 식품은 조리 전에 물에 담가 소금기를 충분히 뺀 후 사용합니다.
4. 가공식품은 수프의 양을 적게 넣고 햄과 소시지 등은 먼저 데친 후 조리합니다.
5. 고기나 생선은 소금을 뿌리지 않고 굽습니다.

POINT 3 외식 할 때

1. 국그릇 대신 밥공기 등을 사용하여 국물을 적게 먹습니다.
2. 식탁에서의 나트륨 사용을 줄입니다.
3. 김치는 작은 크기로 썰어서 먹고, 하루 한 끼는 김치 대신 생채소나 초절임을 먹습니다.
4. 국물은 약간 식은 상태에서 먹습니다.
5. 외식을 할 때는 영양 표시를 확인하고 음식 주문 시 소금(혹은 소스나 양념 등)을 넣지 않도록 요청합니다.

[출처 : 나트륨 줄이기 3단계 5가지 실천지침, 대한영양사협회, 2013 영양의날]

생활 속 503 식단 구성하기

● 한식 503 식단 구성하기(p.36)

특징 기름기가 적은 돼지고기의 안심 부위를 사용하여 칼로리를 낮추고, 상큼한 해물해파리샐러드와 몸에 좋은 현미밥을 곁들인 균형 잡힌 식단입니다.

구성 현미밥, 냉이국, 돼지고기숙주볶음, 해물해파리냉채, 도토리묵참나물무침, 키위

열량 **523kcal** = 188kcal + 42kcal + 174kcal + 53kcal + 39kcal + 27kcal

소금 **2.3g** = 0g + 0.8g + 0.7g + 0.7g + 0.1g + 0g

〈예 : 돼지고기숙주볶음정식〉

식품군	500kcal 기준량	메뉴별 분량		
곡류군	2회	현미밥(140g)		
어육류군	2회	돼지고기숙주볶음 돼지고기(60g)	해물해파리냉채 해물(25g)	
채소군	2.5회	돼지고기숙주볶음 숙주(30g)	해물해파리냉채 무·오이·양파·당근(25g)	냉이국 냉이(50g)
지방군	1회 이하	돼지고기숙주볶음 식용유(2g)	도토리묵참나물무침 참기름(0.5g)	해물해파리냉채 깨(0.2g)
과일군	1회 이하	키위(50g)		

저칼로리 저염 레시피

● 양식 503 식단 구성하기(p.64)

특징 수퍼푸드 연어를 이용하여 건강한 지방산의 섭취를 높이고 오븐으로 조리하여 칼로리를 낮춘 연어구이 메뉴를 소개합니다. 구운 채소와 신선한 샐러드를 곁들여 포만감을 느낄 수 있는 식단으로 구성하였습니다.

구성 크렌베리피칸브레드, 사과수프, 토마토소스를 얹은 연어구이, 해물샐러드, 콜라비피클

열량 **516kcal** = 185kcal + 62kcal + 166kcal + 67kcal + 36kcal

소금 **2.5g** = 0.4g + 0.5g + 0.8g + 0.4g + 0.4g

〈예 : 연어구이정식〉

식품군	500kcal 기준량	메뉴별 분량
곡류군	2회	크랜베리피칸브레드 2쪽(60g)
어육류군	2회	연어구이 연어(60g) / 해물샐러드 해물(25g)
채소군	2.5회	연어구이 곁들인 채소 홀토마토 · 양파 · 피망 · 노란 파프리카 (60g) / 해물샐러드 치커리 · 그린비타민 · 비트잎 · 파프리카(55g) / 콜라비피클 콜라비(35g)
지방군	1회 이하	연어구이 올리브유(5g)
과일군	1회 이하	사과수프(50g)

특징 칼로리가 낮은 우둔살로 불고기를 만들고, 고구마나 감자 씹는 느낌이 나는 단호박을 넣어 불고기덮밥의 양을 늘리면서 포만감도 좋게 하였습니다. 곁들이는 메뉴의 재료로 버섯, 파프리카, 포도, 당근, 방울토마토 등 컬러푸드를 적극 이용하여 다양한 색감과 식물성 영양소까지 식단에 듬뿍 담았습니다.

구성 단호박불고기덮밥, 우거지된장국, 쌈무말이, 새송이버섯들깨무침, 포도샐러드

열량 **514kcal** = 349kcal + 34kcal + 43kcal + 46kcal + 42kcal

소금 **2.4g** = 0.9g + 0.7g + 0.3g + 0.3g + 0.2g

〈예 : 단호박불고기덮밥정식〉

식품군	500kcal 기준량	메뉴별 분량				
곡류군	2회	단호박불고기덮밥 밥(2/3공기, 140g), 불고기(60g)				
어육류군	1.5회					
채소군	3회	단호박불고기덮밥 단호박 · 양파 · 실파 (85g)	우거지된장국 우거지(30g)	쌈무말이 쌈무 · 당근 · 오이 · 파프리카(35g)	버섯들깨무침 새송이버섯(30g)	포도샐러드 방울토마토 · 양상추 · 치커리(25g)
지방군	1회 이하	단호박불고기덮밥 식용유(3g)	버섯들깨무침 들기름(1g)	포도샐러드 들깨가루(3g)		
과일군	1회 이하	포도샐러드 포도(40g)				

● 일품면 503 식단 구성하기(p.100)

특징   소면이나 메밀면에 비해 나트륨 함량이 적은 쌀국수로 볶음면을 만들었습니다. 면은 적게 넣고 숙주 등의 채소를 듬뿍 넣어서 푸짐하면서도 칼로리는 낮춘 식단입니다. 닭살겨자채카나페, 단호박찜, 과일꼬치는 소금 함량이 거의 없으므로 볶음면이 싱거울 경우 굴소스(10g 이하)를 볶음면에 더 넣어도 좋습니다.

구성   해산물쌀국수볶음, 유부미소시루, 닭살겨자채카나페, 단호박찜, 과일꼬치

열량   **513kcal** = 322kcal + 24kcal + 95kcal + 53kcal + 19kcal

소금   **1.7g** = 1.2g + 0.5g + 0g + 0g + 0g

〈예 : 해물쌀국수볶음정식〉

식품군	500kcal 기준량	메뉴별 분량		
곡류군	2회	해물쌀국수덮밥 면(건면 60g), 해물(50g)	닭살겨자채카나페 닭살(20g)	
어육류군	1.5회			
채소군	3회	해물쌀국수덮밥 숙주 · 양파 · 청경채 · 홍피망(95g)	닭살겨자채카나페 양상추 · 양파 · 청피망 (25g)	단호박찜 단호박(70g)
지방군	1회 이하	해물쌀국수덮밥 식용유(5g)	단호박찜 아몬드(3g)	
과일군	1회 이하	과일꼬치(100g)		

25

BEFORE & AFTER
503 다이어트 후 이렇게 바뀌었어요!

업무 특성상 끼니를 거르거나 제대로 먹지 못할 때가 많았습니다. 그러다 식사를 편하게 할 수 있는 기회가 오면 많이 먹어둬야 한다는 생각에 폭식을 하는 습관이 생겼습니다. 그렇게 식사를 마친 후에는 꼭 달콤한 빵을 하나 정도는 먹어줘야 포만감이 생겼습니다. 돌이켜 생각해보면 그러한 식습관이 주로 저녁에 이뤄졌다는 것도 큰 문제였던 것 같습니다.

이런 식생활이 계속 되다 보니 저도 모르는 사이에 뱃살은 물론이고 옆구리 살까지 손에 잡히게 되더군요. 옷맵시도 영 안 나오고 내장비만도 걱정되기 시작했습니다. 특히 병원에서 근무하다 보니 그 위험성은 누구보다 더 잘 알고 있었죠. 물론 가장 큰 문제인 식습관을 바꿔

야 한다는 건 알고 있었지만 신경 써야 할 것이 한 두 가지가 아닐 것 같아 엄두가 나지 않았습니다. 그 무렵 회사 식당에서 '503 식단, 100일간의 건강식단 프로젝트'를 한다는 걸 알게 됐습니다. 전문가인 영양사님이 매일 다른 저칼로리 저염 메뉴를 준비해줄 테고 저는 그냥 가서 먹기만 하면 되는 거 아니겠습니까? 저처럼 혼자서 식사에 신경 쓰기 힘든 사람들에게 딱 맞는 다이어트 방법이란 생각이 들더군요! 그렇게 2013년 4월부터 503 식단을 이용하기 시작했습니다.

3개월 동안 빠트리지 않고 매일 먹었는데, 바빠도 가급적이면 점심식사를 하려고 노력했고 그 때마다 503 메뉴를 먹었습니다. 처음에는

평소 식사량보다 적어서 적응이 안되더군요. 아예 안 먹으면 안 먹었지 평소보다 양이 확 줄어드니까 오후에 공복감이 물밀듯이 밀려오는 겁니다. 하지만 주변 동료들을 부추겨서 함께 503 식단을 이용했고, 서로 간식을 먹나 감시를 하고 격려도 해주기로 했죠. 폭식을 하던 식습관이 있던 저로서는 빈혈 같은 증상 때문에 '괜히 이러다 건강이 더 나빠지는 건 아닌가' 해서 그만둘까 갈등도 했습니다. 동료들 몰래 간식을 먹다 들킨 적도 몇 차례 있었구요.

하지만 2주 정도 지나자 거짓말처럼 몸 상태가 좋아졌습니다. 드디어 제 몸이 503 식단에 적응을 한 것입니다. 공복감이나 어지러움이 거의 사라졌고 최고 혈압도 낮아졌으며 몸이 가벼워지는 기분이 들어 아주 좋았습니다. 몸이 좋아지는 느낌이 들자 효과를 좀 더 극대화하기 위해 운동량을 늘렸습니다. 주 4회 정도 근력운동이나 달리기를 30분 이상 했습니다. 또한 회사에서 503 식단을 먹는 것 외에 식습관 자체가 크게 바뀌진 않았지만, 집에서도 소금을 조금 적게 쓰려고 노력했고, 하루 전체 섭취 칼로리에 신경쓰며 간식을 줄였습니다.

저는 503 식단을 이용한 첫 달에 3.8kg을 감량했고, 이후 한 달에 1kg씩 해서 3개월 동안 총 5.8kg이 줄었습니다. 그러자 뱃살이 빠지면서 옷맵시도 서서히 살아났고, 같은 옷을 입어도 더 잘 어울린다는 말을 자주 듣게 되었습니다. 503 식단은 예전에 먹던 양보다 절대적인 양이 적을 순 있겠으나, 메뉴가 다양하고 포만감을 느낄 수 있는 재료를 적극 활용했기 때문에 실천이 그렇게 어렵진 않습니다. 식단에 삼색나물두부스테이크나 수육, 저염불고기, 닭가슴살스테이크, 야채자장 같은 메뉴까지 나오는 걸 보고 깜짝 놀랐으니까요. 좀 더 가볍고 건강한 식생활을 하고 싶은 분들은 부담 갖지 마시고 503 식단을 꼭 한 번 실천해보길 권합니다. 그리고 평소 식생활에서 소금 양을 줄여보세요. 조금만 줄여도 몸 상태가 달라지는 걸 금방 느끼실 수 있습니다.

> **저는 503 식단을 이용한 첫 달에 3.8kg을 감량했고요.
> 이후 한 달에 1kg씩 3개월 동안 몸무게가 총 5.8kg이 줄었습니다.**

사내 체지방 감량 대상 수상과
MBC 뉴스에 소개될 정도로 놀라운 효과

체중 감량 8kg(4개월)

서울특별시 보라매병원 재활의학과 최근영님 | 34세 | 176cm

제 경우엔 세 끼 식사는 큰 문제가 없었습니다. 웬만하면 아침을 꼭 챙겨 먹으려 했고 식사량이 그리 많지도 않았거든요. 채소를 좋아하는 편이며 등산, 테니스도 꾸준히 해왔습니다. 그런데 문제는 군것질을 좋아해요. 특히 저녁 식사 후에 야식을 먹는 경우가 잦았는데 결혼하고 난 뒤로는 아내와 맥주 한 잔 하며 안주로 치킨이나 족발을 먹는 게 큰 즐거움 중 하나였습니다. 돌이켜보면 아내와 함께 치킨을 먹어도 제가 3/4 정도를 먹었던 것 같네요.

평소에 뭘 먹지 않았는데도 속이 약간 더부룩한 느낌이 들 때가 종종 있었지만 별 일 아니라고 생각했습니다. 그러던 어느 날, 아내가 농담처럼 건넨 말이 촉매제가 되어 스스로를 돌아보게 되었습니다. "결혼하더니 아저씨가 다 됐네!" 몸매도 걱정, 건강도 걱정. 그때부터 체중을 어느 정도 감량하고 간식 등 일부 식습관을 바꿔야겠다고 마음을 먹었습니다. 운동은 아주 많이는 아닐지라도 평소에 어느 정도 하니까 식이조절에 대한 계획을 세우려던 찰나, 회사 식당에서 '503 식단'을 제공한다는 말에 참여하게 됐습니다.

2012년 5월부터 4개월 이상 매일 점심 때는 503 식단을 먹었습니다. 체중 감량이란 구체적인 목표가 있었지만 서두르거나 무리하고 싶지는 않았습니다. 감량 못지 않게 유지가 중요하고, 이를 위해선 감량 과정부터 탄탄한 기초를 밟아야 한다고 생각했기 때문입니다. 503 식단만 먹으면 뭔가 외부 자극에 무너졌을 때 폭식을 할 확률이 높을 것 같아 아침식사를 예전보다 더 꼬박꼬박 먹었습니다. 활동량이 많아 힘이 부족하다고 느낄 땐 고구마, 옥수수를 조금씩 먹으며 출출함을 달랬습니다. 그리고 집에서도 503 식단 유사하게 먹으려고 노력했습니다. 고단백 식품과 채소를 많이 먹고 소금양도 줄였습니다. 아내도 적극 도와주었죠. 아! 물을 충분히 마신 것도 도움이 됐습니다.

원래 채소의 향 등 식재료 고유의 풍미를 즐기는 편이고, 저염식에 대한 관심도 많은 터라 503 식단은 제게 아주 맛있는 메뉴였습니다.

아무래도 칼로리를 맞추려면 양이 줄 수밖에 없는데 이 점은 스스로 감안을 하든지, 아님 건강간식을 곁들이는 식으로 해결하는 게 필요할 것 같습니다.

열흘 정도 지나고는 503 식단에 완벽하게 적응했습니다. 몸이 가벼워졌고, 속이 더부룩한 느낌도 없어졌습니다. 운동과 503 식단을 꾸준하게 병행했더니 4개월 간 총 8kg을 줄일 수 있었는데, 저는 체중도 체중이지만 체지방이 많이 줄었습니다. 회사에서 503 식단을 이용하는 직원들을 독려하기 위해 여러 부문으로 시상을 했는데, 제가 체지방 감량 우수상을 받았습니다. 그리고 1월 20일엔 MBC뉴스에도 나와 친인척 및 지인들에게 "잘 봤다, 대단하다!"라는 연락을 수없이 받았습니다. 늘 똑같은 일상에 즐거운 이벤트가 된 셈이었죠.

503 식단, 많은 분들께 적극 추천해드리고 싶어요. 그리고 기왕 503 식단을 먹는 김에 더욱 큰 효과 보시도록 운동을 병행하셨으면 좋겠고, 지루하지 않게 운동 종류도 다양하게 하길 조언 드리고 싶습니다. 아침도 꼭 드세요. 배고프면 저녁에 폭식할 수 있거든요.

앞으로도 CJ프레시웨이 등 전문기업들이 503 식단 같은 건강 메뉴를 계속 제공해주었으면 좋겠습니다. 건강한 생활습관 중에서도 식생활이 정말 중요한데 그걸 혼자서 자료 찾고, 재료를 구하고, 식단을 구성하고, 조리하는 건 너무나 어렵고 지치는 일이니까요. 대한민국 전체에 503 열풍이 불어도 괜찮을 것 같은데요?

> 운동과 503 식단을 꾸준하게 병행했더니
> 4개월간 총 8kg을 줄일 수 있었습니다.
> 저는 체중도 체중이지만 체지방이 많이 줄었어요.

체중 감량과 성인병 예방 두 마리 토끼를 잡다!

체중 감량 7kg(5개월)

KB국민카드 제휴사업부 이정훈님 | 38세 | 178cm

지난 2012년 9월, 회사 직원식당에서 '503 식단'을 제공한다는 소식을 듣고 처음엔 '이름이 왜 503일까?'라는 호기심으로 접근했다가 그 내용을 알고는 새삼 제 평소 식습관을 돌아보게 되었습니다.

업무 스트레스를 먹는 걸로 해소하려 하고, 술자리가 잦은데 심지어 그 때마다 폭식을 했습니다. 당연히 짜게 먹는 것도 습관이 되어 있었죠. 먹을 때는 뭔가 해소되는 것 같아도 그 다음 날이면 몸이 뻐근하고 무겁고 속도 답답하게 더 꽉 막히는 느낌의 반복. 점점 나오는 배를 쓰다듬으며 이젠 이 녀석과 결별을 해야겠다는 결심이 들었습니다. 아버지께서 당뇨병으로 고생하시는 것도 마음에 쓰였어요. 다행히 회사에 이런 건강식 프로그램이 생겼다고 하니 하늘이 준 기회라고 생각했습니다. 특히 저염식을 평소에 꾸준히 접할 수 있는 기회는 거의 없지 않습니까? 그래서 체중 감량과 성인병 예방이란 두 가지 목표를 잡고 503 식단을 이용했습니다.

점심마다 503 식단을 먹은 뒤 일주일 정도는 오후의 공복감 때문에 많이 힘들었습니다. 하지만 배고프다고 간식을 먹으면 503의 의미가 없어진단 생각에 물을 마시며 참아냈습니다. 지금은 힘들 정도의 공복감은 느껴지지 않으며, 적게만 느껴지던 503 식단의 양도 저에게 적정량이 되었습니다. 503 식단을 이용한 초기에 적은 양보다 더 힘들었던 건 모든 음식이 너무 싱겁다는 거였습니다. 뱃속은 찼는데 뭘 먹은 것 같지 않은 허전한 기분이랄까. 제가 얼마나 짠 입맛에 길들여져 있었는지 새삼 무겁게 느껴지더군요. 하지만 그것도 딱 일주일 정도였습니다. 지금은 503 식단의 간에 입맛이 길들어져서 다른 식당의 음식을 먹으면 너무 자극적이라는 느낌이 들 정도랍니다. 음식 고유의 맛과 향을 즐기는 매력에 푹 빠져버렸죠. 503 식단을 5개월 정도 매일 이용하고 다른 식사 때에도 어느 정도 관리를 한 결과, 체중이 6~7kg 정도 빠졌고 가장 걱정됐던 뱃살도 많이 들어갔습니다. 제 목표의 80% 정도가 달성

열흘 정도 지나고는 503 식단에 완벽하게 적응했습니다.
몸이 가벼워졌고, 속이 더부룩한 느낌도 없어졌어요.
운동과 503 식단을 꾸준하게 병행했더니
5개월간 총 7kg을 줄일 수 있었습니다.

된 상태이고 앞으로도 계속 노력해서 목표를 초과달성하고 싶습니다.

503 식단을 먼저 경험한 사람으로서 조언을 드리자면, 반드시 운동도 병행하라는 겁니다. 섭취 칼로리가 줄어들어 당장에 살은 빠지겠지만 이를 유지하는 것이 점점 힘들어지고 무엇보다 몸에 힘이 없어서 활기찬 생활을 할 수가 없어요. 체중을 조절하는 이유가 뭘까요? 더 건강하고 즐겁게 활력 넘치는 인생을 오래도록 즐기기 위함이잖아요. 저도 매일 걷기, 달리기, 자전거 등 단 30분만이라도 운동을 하려고 노력했습니다. 또 혼자 운동하는 것을 너무 부담스러워 하지 마시고 본인이 좋아하는 음악을 듣거나 관심 있는 분야의 강의를 들으면서 운동해 보세요. 시간도 빨리 가고 운동 외에 뭔가를 얻을 수 있을 거에요.

마지막으로 기록을 습관화 하는 게 필요할 것 같습니다. 내가 오늘 무엇을 먹었는지, 운동은 뭘 했는지, 현재까지 변화는 어느 정도인지를 정확히 알아야 계속 동기부여가 되고 또 체계

적인 체중조절을 할 수 있습니다.

지치지 않고 건강하게 체중 조절을 할 수 있게 해주고, 저염식에 대한 많은 정보를 제공해준 503 식단, 최고입니다!

2012년 겨울, 당시 몸이 무겁게 느껴지길래 오랜만에 체중계에 올랐습니다. 눈금을 보고 깜짝 놀랐죠. 75kg? 고등학교 때 찍었던 제 인생 최고의 몸무게에 다다른 것입니다. 원래 살이 잘 찌는 체질도 아닌 데다가 2~3개월이란 짧은 기간 동안 7kg 가량이 늘어난 셈이라 황당하더군요. 원인이 뭘까 곰곰이 생각해봤습니다. 주로 앉아서 하는 업무인데 피곤하다고 따로 운동을 하지 않았고, 아침이나 점심에 비해 유독 저녁 식사량이 많았습니다. 당시 일이 많아 주로 저녁을 회사 인근 식당에서 해결했는데요. 스트레스를 먹는 걸로 푸는 나쁜 습관이 생겨 배부른데도 계속 먹어댔어요. 스스로를 제대로 관리하지 못한 죄책감 때문에 우울하기까지 하더군요. '이대로는 안되겠다, 무엇부터 바꿔야 할까?' 고민하고 있을 때 회사 직원식당에서 '503 식단'을 운영한다는 소식을 들었습니다. 망설일 필요가 없었죠. 바로 영양사님에게 신청을 했죠.

그리고 2012년 겨울부터 2013년 1월까지는 회사에 출근하는 날은 매일, 2013년 2월부터 7월까지는 주 2회 정도 503 식단으로 점심 식사를 했습니다. 평소 먹던 양보다 적고, 간이 덜 되어 싱겁다고 느낄 수 있지만 제 입맛엔 오히려 간이 딱 맞았으며 양이 적어도 힘들지는 않았습니다. 밥 양이 적은 대신 야채와 기름기 적은 고기 메뉴, 두부 등이 제법 풍성하게 나왔거든요. 저칼로리 음식 하면 무조건 채소, 닭가슴살 같은 것만 먹어야 되는 줄 알았는데 다양한 반찬에 밥, 국, 과일까지 오히려 이것이 정말 500kcal가 맞을까 의문을 가질 정도로 만족하며 먹었습니다.

오후 3~4시가 되면 약간의 공복감이 느껴졌지만 오히려 건강이 좋아지는 느낌이라 생각하고 즐겼습니다. 여전히 회사 일은 바빠서 본격적으로 운동을 하긴 어려웠지만, 대신 점심을 먹고 30분 정도 회사 주변을 산책하는 식으로 일상 속에서의 활동량을 늘려 나갔습니다. 근력 운동은 짧게, 한번에 10~20분, 주 2회 정도 진행했습니다.

503 식단은 그 자체가 저칼로리, 저염식이라 건강에 좋은 것도 있지만, 꾸준하게 건강관리를 받는다는 느낌을 주고 '503 식단을 이용하는 김에 이 부분도 신경 써야지.' 하며 다른 생활습관에까지 긍정적인 영향을 미치는 것 같습니다. 누가 눈치주지 않아도 매 끼니마다 식사량을 조절했고 음식 조리 방법을 따졌으며, 간식도 자발적으로 줄였습니다. 회식 등 많이 먹을 수 있는 자리가 생겨도 어렵지 않게 자제할 수 있었습니다. 503 식단 적응에 성공한 경험이 다른 식사 때도 이어진 것입니다.

덕분에 503 식단을 이용한지 2개월 만에 체중이 5kg 정도 줄었습니다. 그 후에 1~2kg 정도 더 빠졌고 현재까지 유지하고 있습니다. 뱃살과 허리 군살이 빠져서 바지 치수도 2인치가 줄어 새로 사야 하는 즐거운 고민에 빠졌습니다. 건강하게 체중 조절에 성공한 사례로 주변에 알려져 KBS 1TV 〈생로병사의 비밀〉에 출연하기도 했습니다. 재미있는 경험이었어요.

503 식단을 시작할 때 큰 기대를 한 것은 아니었습니다. 단지 '뭐라도 바꿔봐야겠다, 조금 더 신경 쓰며 살아야겠다.'는 가벼운 마음이었죠. 그래서 오히려 성공할 수 있지 않았나 싶습니다. 너무 거창한 목표를 세우면 오히려 무너지기 쉬운 법! 생활습관 하나 약간 달리한다는 느낌으로 503 식단에 도전해보세요. 인생이 더 즐거워질 겁니다.

503

일러두기
- 밥 조리법은 계속 반복되기 때문에 빵 종류와 함께 재료와 영양소만 기재하였습니다
- 모든 양은 1인분 중량으로 기재했으나, 물김치나 피클류는 20인분 이상 조리해야 제 맛을 낼 수 있습니다.
- 대부분은 가식량 기준이나 뼈나 껍질째 조리하는 식재(조개, 닭 등)는 총량으로 표기하고 '껍질 무게 포함, 뼈 무게 포함' 등으로 표시했습니다.
- 메뉴별 조리 · 영양 Tip을 제시하여 이해를 돕도록 하였습니다.

내 몸에 기적이!
503 레시피를 소개합니다!

저칼로리 레시피 153가지를 담은 「500칼로리 다이어트」를 소개한 바 있는데, 이때 책에 나왔던 레시피를 바탕으로 CJ주식회사 구내식당에서 직원들에게 500칼로리 식단의 점심 식사를 제공했습니다. 식단을 경험한 직원들의 건강해진 모습을 눈으로 지켜보며 콘셉트별로 다양하고 푸짐한 식단을 추가 구성해 '503 레시피'로 새롭게 소개합니다!

균형 잡힌 식단으로 맛있게 차린

503

한식

돼지고기숙주볶음정식

식단 영양소 열량 523kcal · 당질 78g · 단백질 27g · 지질 15g · 나트륨 932mg

523kcal
소금 2.3g

"기름기가 적은 돼지고기의 안심 부위를
사용하여 칼로리를 낮추고,
상큼한 해물해파리샐러드와 몸에 좋은 현미밥을 곁들여
균형 있게 차린 식단입니다."

돼지고기숙주볶음

열량	당질	단백질	지질	나트륨
174kcal	4g	11g	12g	253mg

Ready

돼지고기(등심) 60g, 숙주 30g, 소금 0.3g, 식용유 2g **고기양념** 진간장 2g, 다진 마늘 2g, 올리고당 2.5g, 설탕 0.5g, 후추 0.2g

How to Make

1 돼지고기는 핏물을 빼준다.
2 숙주는 깨끗이 씻어 담아 놓는다.
3 분량의 재료로 양념장을 만들어 돼지고기를 재어 놓는다.
4 3을 팬에서 볶아 주다가 어느 정도 익으면 숙주를 넣고 다시 한번 볶아 살짝 익힌 후 담아낸다.

TIP 숙주는 센불에서 단시간에 볶아야 숨이 죽지 않고 수분이 생기지 않는다.

해물해파리냉채

열량	당질	단백질	지질	나트륨
53kcal	6g	6g	1g	289mg

Ready

해파리 15g, 오징어 20g, 맛살 5g, 무 10g, 소금 0.2g, 오이 5g, 양파 5g, 당근 5g **냉채소스** 겨자 0.7g, 설탕 3g, 식초 2g, 다진 마늘 1g, 소금 0.2g, 깨 0.2g, 물 적당량

How to Make

1 해파리는 물에 담가 염분을 빼고 끓는 물에 단시간 데친 후 찬물에 헹궈 물기를 빼고 적당한 크기로 자른다.
2 오징어는 깨끗이 씻어 얇게 채썬 뒤 끓는 물에 살짝 데친 후 찬물에 헹구고 체에 밭쳐 물기를 뺀다.
3 맛살은 잘게 찢어놓고 무는 깨끗이 씻어 채썬 뒤 소금에 살짝 절인 후 물기를 빼서 준비한다.
4 겨자는 찬물에 엉기지 않도록 개어 따뜻한 곳에서 숙성시킨 후 분량의 재료를 넣어 냉채소스를 만든다.
5 해파리, 오징어, 맛살을 혼합한 후 준비한 냉채소스에 버무려 낸다.

TIP 해파리는 끓는 물을 끼얹어 사용해도 된다. 소스에 버무린 뒤 오래 두면 물이 생기므로 먹기 전에 버무려 내도록 한다.

과일

열량	당질	단백질	지질	나트륨
27kcal	7g	0g	0g	2mg

Ready

키위 50g

도토리묵참나물무침

열량	당질	단백질	지질	나트륨
39kcal	8g	1g	1g	29gm

Ready

도토리묵 50g, 참나물 10g, 양파 3g, 당근 2g, 다진 마늘 1g, 설탕 1g, 깨 0.4g, 참기름 0.5g, 홍고추 1g

How to Make

1 도토리묵은 씻어서 먹기 좋은 크기로 썬다.
2 참나물은 깨끗이 씻어 다듬은 후 먹기 좋게 자르고 양파, 당근은 얇게 채썰어 놓는다.
3 1, 2에 다진 마늘, 설탕, 깨, 참기름을 넣고 잘 무쳐낸다.
4 홍고추는 씻어서 어슷썰기 한 후 3에 고명으로 얹어낸다.

TIP 도토리묵은 구입 후 빨리 먹는 것이 좋고 냉장고에 오래 보관한 도토리묵은 먹기 직전, 끓는 물에 살짝 데쳐서 요리하면 쓴맛을 줄일 수 있다.

현미밥

열량	당질	단백질	지질	나트륨
188kcal	46g	4g	0g	13mg

Ready

현미밥 2/3공기(140g)

TIP 현미는 뚝배기를 이용해서 밥을 지으면 식이섬유도 보존되고 더 고소해진다.

냉이국

열량	당질	단백질	지질	나트륨
42kcal	6g	5g	1g	347mg

Ready

냉이 50g, 된장 5g, 다진 마늘 1g, 대파 2g **멸치국물** 마른 멸치 3g, 건다시마 2g, 무 10g, 대파 5g, 물 적당량

How to Make

1 분량의 재료를 넣어 멸치국물을 준비한다.
2 냉이는 흙을 털어내고 잘 씻어서 다듬어 놓는다.
3 준비된 멸치국물에 된장을 푼다.
4 3에 냉이와 마늘을 넣고 끓인 후 대파를 띄워 마무리한다.

닭살깨소스무침정식

식단 영양소 열량 507kcal · 당질 68g · 단백질 35g · 지질 12g · 나트륨 932mg

507kcal
소금 2.3g

깨소스에 무쳐 담백한 맛과 고소한 맛을
동시에 느낄 수 있는 닭살무침에
샐러드를 곁들인 식단입니다.

닭살깨소스무침

열량	당질	단백질	지질	나트륨
125kcal	6g	16g	5g	267mg

Ready

닭가슴살 60g, 양파 15g, 청피망 15g, 빨강 파프리카 15g, 당근 5g
양념 맛술 3g, 대두유 3g, 건다시마 3g, 진간장 1g, 참깨 1.5g, 소금 0.2g, 다진 마늘 0.1g, 후추 약간

How to Make

1 닭가슴살은 깨끗이 씻어 끓는 물에 데친 후 식혀 결대로 먹기 좋게 잘게 찢는다.
2 양파, 청피망, 빨강 파프리카, 당근은 깨끗이 씻어서 얇게 채 썬다.
3 분량의 재료로 양념장을 준비한다.
4 **1, 2**를 섞어 준비한 소스로 무쳐낸다.

TIP 닭고기를 우유에 담갔다가 건지면 누린내를 없애고 육질을 부드럽게 할 수 있다.

미니오이소박이

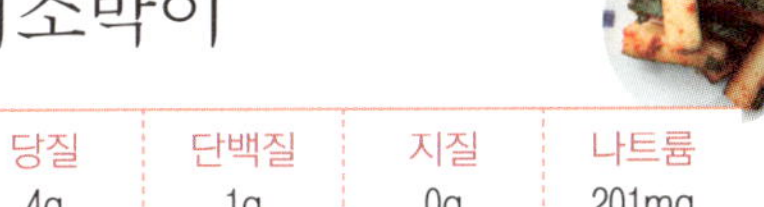

열량	당질	단백질	지질	나트륨
18kcal	4g	1g	0g	201mg

Ready

오이 70g, 부추 5g **양념재료** 다진 마늘 1g, 멸치액젓 0.8g, 대파 1g, 고춧가루 3g, 소금 0.3g

How to Make

1 오이는 깨끗이 씻어서 막대 모양으로 썬 후 소금에 살짝 절인다.
2 부추는 씻은 후 송송 썬다.
3 분량의 재료로 양념을 만들어 놓는다.
4 오이와 부추에 준비한 양념을 넣어 버무려낸다.

완두콩밥

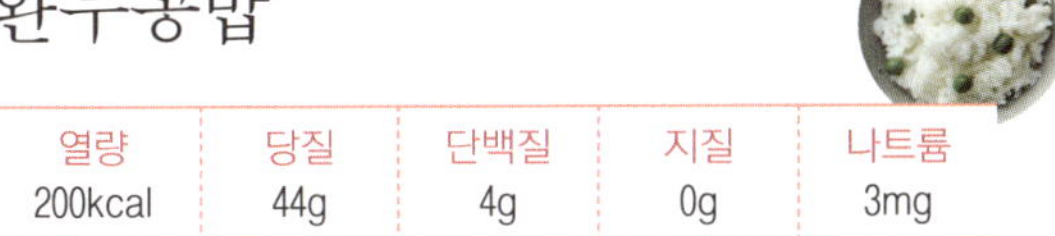

열량	당질	단백질	지질	나트륨
200kcal	44g	4g	0g	3mg

Ready

완두콩밥 2/3공기(140g)

TIP 껍질이 있는 완두콩은 껍질을 벗겨서 냉장 보관하면 싹이 틀 수 있으니 냉동 보관한다. 말리지 않은 콩은 씻어서 그대로 사용하고 말린 콩은 찬물에 불려서 밥에 넣어야 식감이 부드럽다.

가지전

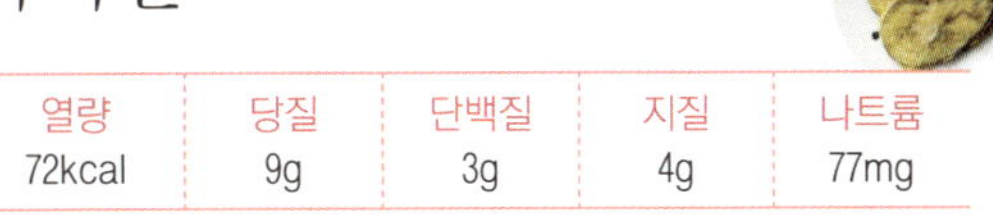

열량	당질	단백질	지질	나트륨
72kcal	9g	3g	4g	77mg

Ready

가지 50g, 부침가루 6g, 달걀 5g, 올리브유 2g, 소금 0.2g

How to Make

1 가지는 깨끗이 씻어 적당한 두께로 어슷썰기 한다.
2 달걀은 풀어서 소금간을 한다.
3 가지에 밀가루와 달걀 순으로 묻힌 후 팬에 올리브유를 살짝 두르고 부쳐낸다.

해물야채샐러드

열량	당질	단백질	지질	나트륨
73kcal	2g	14g	1g	151mg

Ready

새우살 15g, 오징어 20g, 키조개 20g, 양상추 40g, 치커리 5g, 적겨자 3g, 당근 3g, 발사믹소스 4g, 발사믹식초 4g, 올리브오일 2g

How to Make

1 새우살과 오징어, 키조개는 흐르는 물에 씻고 오징어는 껍질을 벗겨낸다.
2 새우살, 오징어, 키조개는 각각 끓는 물에 데쳐낸 후 찬물에 헹궈 물기를 뺀다.
3 양상추, 치커리, 적겨자는 깨끗이 씻어 물기를 제거한 후 적당한 크기로 자른다.
4 당근은 얇게 채썬다.
5 준비된 야채에 해물을 올린 후 발사믹소스를 뿌려낸다.

무국

열량	당질	단백질	지질	나트륨
34kcal	4g	2g	1g	269mg

Ready

무 50g, 국간장 1g, 다진 마늘 1g, 참기름 1g, 소금 0.3g, 고명 대파 2g **멸치국물** 마른 멸치 3g, 건다시마 2g, 무 10g, 대파 5g, 물 적당량

How to Make

1 분량의 재료를 넣어 멸치국물을 준비한다.
2 무는 깨끗이 씻은 후 나박썰기 한다.
3 준비한 멸치국물에 무와 국간장을 넣고 끓이다가 마늘, 참기름, 소금으로 간을 한다.
4 마지막에 대파를 얹어 담아낸다.

두부고기샌드정식

식단 영양소 열량 519kcal · 당질 70g · 단백질 28g · 지질 16g · 나트륨 1,123mg

519kcal
소금 2.8g

> 포만감이 크고 양질의 단백질이 풍부하며
> 칼로리가 낮은 다이어트 식품인 두부에
> 소고기와 야채를 곁들여 맛을 냈고,
> 상큼한 이탈리안소스에 자몽을 넣은
> 샐러드를 곁들인 식단입니다.

두부소고기샌드

열량	당질	단백질	지질	나트륨
157kcal	5g	13g	10g	311mg

Ready

두부 100g, 소고기 15g, 양파 10g, 당근 3g, 대파 3g, 청피망 3g, 부추 2g, 올리브유 3g **소고기양념** 진간장 1g, 다진 마늘 2g, 설탕 0.5g **양파초간장** 양파 10g, 간장 4g, 식초 2g, 설탕 0.5g, 물 적당량

How to Make

1 두부는 직사각형으로 썰어 놓는다.
2 소고기는 핏물을 빼준다.
3 양파, 당근, 대파, 피망은 깨끗이 씻어 다진다.
4 **2, 3**에 분량의 소고기양념을 섞어 소를 만든다.
5 두부는 올리브유를 두른 팬 위에서 살짝 구워낸 다음 두부 사이에 소를 넣는다.
6 분량의 재료대로 양파초간장을 준비해 놓는다.
7 **6**을 데친 부추로 묶어서 그릇에 담고 양파초간장을 곁들여낸다.

이탈리안소스샐러드

열량	당질	단백질	지질	나트륨
57kcal	7g	1g	4g	116mg

Ready

자몽 40g, 양상추 20g, 오이 10g, 노랑 파프리카 5g **이탈리안소스** 올리브유 3g, 홍피망 2g, 양파 3g, 설탕 3g, 식초 0.6g, 소금 0.3g

1 자몽은 껍질을 벗긴 후 한입 크기로 썬다.
2 양상추는 깨끗이 씻어 물기를 제거한 후 적당한 크기로 자른다.
3 오이, 노랑 파프리카는 깨끗이 씻어 물기를 제거한 후 오이는 동그랗게 슬라이스 하고, 노랑 파프리카는 적당한 두께로 채썬다.
4 분량의 재료로 소스를 준비한다.
5 **1, 2, 3**에 준비한 소스를 얹어서 담아낸다.

검은콩밥

열량	당질	단백질	지질	나트륨
213kcal	45g	5g	1g	3mg

Ready

검은콩밥 2/3공기(140g)

낙지초무침

열량	당질	단백질	지질	나트륨
41kcal	5g	4g	0g	392mg

Ready

낙지 30g, 도라지 10g, 미나리 5g, 오이 10g, 무 10g, 소금 약간 **양념장** 고추장 3g, 간장 2g, 고춧가루 1g, 식초 3g, 대파 3g, 다진 마늘 1g, 소금 0.2g

How to Make

1 낙지는 깨끗이 씻은 후 데쳐서 5cm 길이로 썬다.
2 도라지는 소금으로 문질러 씻고 미나리를 깨끗이 씻어 5cm 길이로 썬다.
3 오이, 무는 깨끗이 씻어 5cm 길이로 편썰기 한다.
4 분량의 재료로 양념장을 만든다.
5 낙지와 손질한 야채를 준비한 양념장에 버무려낸다.

콩가루배추국

열량	당질	단백질	지질	나트륨
51kcal	6g	5g	2g	301mg

Ready

배추 30g, 된장 5g, 콩가루 5g, 다진 마늘 1g, 대파 2g, 풋고추 1g **멸치국물** 마른 멸치 3g, 건다시마 2g, 무 10g, 대파 5g, 물 적당량

1 분량의 재료를 넣어 멸치국물을 준비한다.
2 배추는 흐르는 물에 깨끗이 씻어 먹기 좋은 크기로 자른다.
3 멸치국물에 된장을 풀고 배추, 콩가루를 넣고 끓인다.
4 배추가 익으면 마늘, 파, 풋고추를 넣고 마무리한다.

TIP 된장은 오래 끓이면 유산균이 파괴되므로 적당히 끓여야 한다.

훈제오리찜정식

식단 영양소 열량 499kcal · 당질 73g · 단백질 29g · 지질 11g · 나트륨 747mg

499kcal
소금 1.9g

> 기름이 어느 정도 제거된 훈제오리와
> 단백질 소화를 촉진시키는 성분을 가진 연근과 마를 구워냈고,
> 새콤한 무생채와 과일로 입맛을 돋운 식단입니다.

훈제오리찜

열량	당질	단백질	지질	나트륨
115kcal	2g	12g	6g	392mg

Ready

훈제오리 60g, 영양부추 15g, 양파 5g **양념장** 진간장 3g, 다진 마늘 2.5g, 식초 2g, 참기름 1g, 참깨 1g, 소금 0.5g, 후추 0.5g

How to Make

1 훈제오리는 팬에 살짝 구워낸다.
2 영양부추는 깨끗이 씻어 3cm 정도로 썰고 양파는 얇게 채썬다.
3 분량의 재료로 양념장을 만들어 놓는다.
4 훈제오리를 담고 부추와 양파를 장식으로 얹은 후 준비한 양념장을 곁들여낸다.

TIP 부추는 씻기 전에 잘 다듬은 후 물을 받아 놓은 그릇에 넣어 살살 흔들어가며 씻어야 싱싱한 상태를 유지할 수 있다.

연근&마&송이버섯 구이

열량	당질	단백질	지질	나트륨
50kcal	8g	5g	1g	21mg

Ready

연근 30g, 마 20g, 송이버섯 20g, 플레인 요구르트 5g

How to Make

1 연근, 마는 껍질을 벗겨 깨끗이 씻은 뒤 적당한 크기로 썬다.
2 송이는 씻어서 썰어 놓는다.
3 연근, 마, 송이버섯을 함께 180℃ 오븐에 15분간 노릇하게 구워낸다.
4 3에 플레인 요구르트를 뿌려 제공한다.

TIP 연근은 껍질을 벗기면 바로 색이 변하는데 끓는 물에 살짝 데치면 색이 변하는 현상을 막을 수 있다.

무생채

열량	당질	단백질	지질	나트륨
26kcal	5g	1g	1g	73mg

Ready

무 40g **양념장** 설탕 2g, 고춧가루 2g, 다진 마늘 1g, 대파 1g, 참깨 0.7g, 소금 0.2g

How to Make

1 무는 깨끗이 씻은 후 가늘게 채썬다.
2 분량의 재료를 넣고 양념장을 준비한다.
3 채썬 무에 준비한 양념을 넣고 버무린다.

과일

열량	당질	단백질	지질	나트륨
40kcal	10g	1g	0g	7mg

Ready

오렌지 50g, 멜론 50g

강낭콩밥

열량	당질	단백질	지질	나트륨
211kcal	46g	4g	0g	3mg

Ready

강낭콩밥 2/3공기(140g)

북어국

열량	당질	단백질	지질	나트륨
57kcal	1g	6g	3g	251mg

Ready

북어채 5g, 두부 20g, 달걀 10g, 간장 2g, 대파 2g, 다진 마늘 1g, 참기름 1g, 소금 0.2g

How to Make

1 북어채는 물에 살짝 헹군 후 물기를 짠다.
2 두부는 적당한 크기로 깍둑썰기 한다.
3 냄비에 참기름을 두르고 북어채를 볶다가 물을 붓고 끓기 시작하면 두부, 다진 마늘을 넣는다.
4 3에 달걀물을 풀어 한소끔 더 끓인 후 소금으로 간을 하고 대파를 얹어 마무리한다.

샤브샤브샐러드정식

523kcal
소금 2.1g

식단 영양소 열량 523kcal · 당질 84g · 단백질 25g · 지질 10g · 나트륨 827mg

> 다 자란 채소보다 비타민과 무기질 함유량이
> 2~3배 높은 새싹에 데친 소고기를 곁들여
> 상큼한 샐러드로 만든 포만감을 높여줍니다.

샤브샤브샐러드

열량	당질	단백질	지질	나트륨
142kcal	8g	13g	6g	353mg

Ready

소고기(샤브샤브) 60g, 양상추 40g, 치커리 10g, 라디치오 3g, 적채 5g, 홍피망 3g, 새싹 2g **유자폰즈소스** 유자 5g, 간장 5g, 가다랑어포 국물 10g, 식초 5g, 맛술 5g, 레몬즙 5g

How to Make

1 소고기는 핏물을 제거하여 준비한다.
2 양상추는 깨끗이 씻어 먹기 좋은 크기로 찢는다.
3 치커리, 라디치오는 깨끗이 씻어 물기를 제거한 후 적당한 크기로 자른다.
4 적채, 홍피망은 깨끗이 씻어 얇게 채썬다.
5 준비한 소고기는 끓는 물에 살짝 데쳐 놓는다.
6 **2**, **3**, **4**의 야채를 가지런히 담고 데친 소고기를 올린 후 분량의 소스를 뿌려 마무리한다.

저염나박김치

열량	당질	단백질	지질	나트륨
12kcal	3g	0g	0g	107mg

Ready

배추 5g, 무 10g, 오이 5g, 당근 2g, 생강채 1g, 미나리 1g, 홍고추 1g **저염나박김치국물** 건다시마 적당량, 물 적당량, 식초 3g, 소금 0.3g, 설탕 0.6g

How to Make

1 물에 다시마를 넣어 끓여 다시마국물을 우려낸다.
2 **1**에 식초와 소금, 설탕을 넣어 저염나박김치국물을 만든다.
3 배추와 무, 오이, 당근은 먹기 좋은 크기로 썬다.
4 미나리는 1.5cm 길이로, 홍고추와 생강은 얇게 썬다.
5 저염나박김치국물에 고추를 넣고 곱게 갈아준다.
6 오이, 미나리를 뺀 나머지 재료를 섞어서 담고 저염나박김치국물을 붓는다.
7 그릇에 담기 전에 오이와 미나리를 넣는다.

수수밥

열량	당질	단백질	지질	나트륨
210kcal	47g	4g	0g	3mg

Ready

수수밥 2/3공기(140g)

밀전병쌈

열량	당질	단백질	지질	나트륨
97kcal	16g	4g	2g	125mg

Ready

밀전병 밀가루 15g, 올리브유 약간, 물 적당량 **속재료** 오이 10g, 부추 3g, 홍피망 7g, 청피망 7g, 소금 0.1g **달걀지단 속재료** 달걀 15g **겨자소스** 겨자가루 1g, 식초 3g, 설탕 3g, 소금 0.2g

How to Make

1 밀가루는 적당량의 물을 넣어 반죽을 한 다음 팬에 올리브유를 두르고 얇게 부친다.
2 오이는 얇게 채썰어 소금으로 살짝 절인다.
3 부추는 적당한 크기로 자르고 홍피망, 청피망도 얇게 채썰어 놓는다.
4 달걀은 흰자, 노른자를 각각 지단으로 부친 후 식으면 다른 재료의 길이에 맞춰 채썬다.
5 밀전병 위에 준비된 재료를 올리고 먹기 좋게 말아준 후 겨자소스를 곁들여낸다.

과일

열량	당질	단백질	지질	나트륨
7kcal	2g	0g	0g	3mg

Ready

토마토 50g

들깨버섯국

열량	당질	단백질	지질	나트륨
54kcal	8g	4g	1g	235mg

Ready

무 30g, 표고버섯 5g, 두부 15g, 들깨가루 1g, 대파 2g, 국간장 1g, 다진 마늘 1g, 소금 0.2g **멸치국물** 마른 멸치 3g, 건다시마 2g, 무 10g, 대파 5g, 물 적당량

How to Make

1 분량의 재료를 넣어 멸치국물을 만든다.
2 무는 직사각형으로 납작하게 썰고 표고는 밑둥을 제거한 후 채썬다.
3 두부는 깍둑썰기로 준비해 놓는다
4 **1**의 국물에 무, 표고버섯, 두부를 넣고 들깨가루와 간장, 마늘을 넣어 끓인다
5 **4**를 그릇에 담아낸다.

TIP 버섯은 물에 씻은 뒤 바로 건져 센불에 볶아야 수분이 많이 생기지 않고 버섯의 향도 살릴 수 있다.

돼지고기생강구이정식

식단 영양소 열량 523kcal · 당질 69g · 단백질 22g · 지질 20g · 나트륨 884mg

523kcal
소금 2.2g

❝ 기름기가 적은 돼지고기 등심을 오븐에 구워
칼로리를 낮추면서 담백하게 조리했고,
미네랄이 풍부한 로메인 상추로 샐러드를 만들었습니다. ❞

돼지고기생강오븐구이

열량	당질	단백질	지질	나트륨
217kcal	8g	12g	15g	274mg

Ready

돼지고기(등심) 60g, 새송이 20g, 올리브유 약간 **양념장** 고추장 3g, 대두유 3g, 간장 3g, 설탕 3g, 대파 3g, 마늘 2g, 생강 2g, 참기름 2g, 고춧가루 1g, 후추 약간

How to Make

1 돼지고기는 핏물을 빼준 뒤 넓적하게 썬다.
2 새송이는 씻은 후 편으로 썰어둔다.
3 분량의 재료로 양념장을 준비한다.
4 **1**의 돼지고기에 **3**의 양념을 발라 놓는다.
5 **4**를 180℃ 오븐에 15분간 굽고, 새송이는 팬에 올리브유를 살짝 두른 후 노릇하게 구워낸다.
6 잘 구워낸 고기와 새송이를 그릇에 담아낸다.

우무무침

열량	당질	단백질	지질	나트륨
24kcal	3g	0g	1g	120mg

Ready

우무 40g, 홍피망 2g, 청피망 2g, 노랑 파프리카 2g **양념장** 간장 2g, 참기름 1g, 대파 1g, 다진 마늘 1g, 설탕 2g, 깨 0.4g

How to Make

1 우무는 씻어서 도톰하게 채썰어 놓는다.
2 홍피망, 청피망, 노랑 파프리카는 깨끗이 씻은 후 얇게 채썬다.
3 분량의 재료로 양념장을 준비한다.
4 **2**를 가지런히 담고 준비된 양념장을 뿌려 담아낸다.

TIP 파프리카의 비타민 C 함유량은 토마토의 5배, 레몬의 2배이며, 성인 1일 필요량의 6.8배나 된다.

과일

열량	당질	단백질	지질	나트륨
26kcal	7g	0g	0g	1mg

Ready

오렌지 60g

로메인샐러드

열량	당질	단백질	지질	나트륨
24kcal	4g	0g	1g	33mg

Ready

로메인 20g, 홍피망 10g, 적양파 5g, 어린잎채소 2g, 망고 3g **소스** 올리브유 1g, 식초 2g, 레몬즙 3g, 설탕 0.5g

How to Make

1 로메인, 홍피망, 적양파는 깨끗이 씻어 적당한 두께로 먹기 좋게 썬다.
2 어린잎채소는 깨끗이 씻어 물기를 뺀다.
3 망고는 먹기 좋은 크기로 썬다.
4 분량의 재료로 소스를 준비한다.
5 준비한 야채들을 예쁘게 담은 후 그 위에 망고를 올린다.
6 **5**에 준비한 소스를 곁들여낸다.

뿌리채소밥

열량	당질	단백질	지질	나트륨
199kcal	42g	4g	2g	298mg

Ready

현미찹쌀 50g, 연근 3g, 우엉 3g, 밤 3g, 표고버섯 3g **양념장** 간장 5g, 다진 마늘 3g, 맛술 2g, 깨 0.1g

How to Make

1 현미찹쌀은 씻어서 20분 정도 불려놓는다.
2 연근, 우엉, 밤, 표고는 씻은 후 잘게 썰어 놓는다.
3 **1**, **2**를 함께 넣어 밥을 지어낸다.
4 분량의 재료로 양념장을 준비한다.
5 잘 지어낸 밥에 준비한 양념장을 곁들여낸다.

콩나물국

열량	당질	단백질	지질	나트륨
33kcal	5g	4g	1g	160mg

Ready

콩나물 50g, 다진 마늘 1g, 소금 0.2g, 대파 2g **멸치국물** 마른 멸치 3g, 건다시마 2g, 무 10g, 대파 5g, 물 적당량

How to Make

1 분량의 재료를 넣어 멸치국물을 준비한다.
2 콩나물은 깨끗이 씻어 놓는다.
3 준비한 멸치국물에 콩나물을 넣고 끓이다가 마늘, 소금으로 간하고 마지막에 대파를 고명으로 얹어낸다.

가자미허브구이정식

522kcal
소금 2.6g

식단 영양소 열량 522kcal · 당질 54g · 단백질 39g · 지질 15g · 나트륨 1,048mg

> 대표적인 저칼로리 고단백 식품인 가자미를
> 오븐에 구워 칼로리를 더욱 낮췄습니다.

가자미허브구이

열량	당질	단백질	지질	나트륨
135kcal	5g	16g	5g	364mg

Ready

가자미 80g, 소금 0.5g, 후추 0.5g, 허브솔트 약간, 올리브유 2.5g, 레몬 한 조각, 로즈마리 약간 **사이드** 어린잎채소 15g **드레싱** 자몽 20g, 양파 5g, 올리고당 3g, 식초 3g

How to Make

1 가자미는 소금, 후추, 허브솔트로 1시간 정도 밑간을 한다.
2 팬에 올리브유를 두르고 가자미를 살짝 굽는다.
3 220℃ 오븐에서 양파와 10분간 굽는다.
4 샐러드 야채는 깨끗이 씻어 물기를 제거하고 분량의 재료를 넣어 드레싱을 만든다.
5 접시에 샐러드 야채와 가자미를 함께 곁들여낸다.
6 고명으로 레몬 한 조각과 로즈마리를 올린다.

TIP 생선을 허브와 같이 구우면 비린내가 제거된다.
TIP 곁들여 제공하는 드레싱은 항상 차갑게 제공한다.

청경채겉절이

열량	당질	단백질	지질	나트륨
25kcal	0g	1g	0g	156mg

Ready

청경채 60g, 양파 10g **양념장** 진간장 2g, 액젓 1g, 고춧가루 2g, 마늘 1g, 설탕 0.5g, 소금 0.1g, 통깨 0.5g, 대파 1g

How to Make

1 청경채를 먹기 좋은 크기로 잘라 깨끗이 손질해두고 양파는 채 썬다.
2 준비된 재료에 분량의 양념을 넣어 잘 버무린다.

채소오믈렛

열량	당질	단백질	지질	나트륨
112kcal	1g	7g	9g	138mg

Ready

달걀 30g, 양파 3g, 당근 3g, 청피망 3g, 홍피망 3g, 식용유 2.5g, 소금 0.2g, 후추 0.1g, 어린잎채소 약간

How to Make

1 달걀은 잘 풀어서 소금, 후추가루로 간한다.
2 양파, 당근, 청피망, 홍피망은 다진다.
3 풀어 놓은 달걀에 다진 채소를 넣어 섞는다.
4 팬에 식용유를 두르고 달걀을 부어 어느 정도 익기 시작하면 달걀을 말아 오믈렛을 만든다.
5 **4**를 접시에 담아내고 어린잎채소를 고명으로 올린다.

흑미밥

열량	당질	단백질	지질	나트륨
209kcal	46g	4g	0g	1mg

Ready

흑미밥 2/3공기(140g)

바지락국

열량	당질	단백질	지질	나트륨
40kcal	1g	4.6g	1g	390mg

Ready

바지락 40g, 마늘 2쪽, 대파 1g, 소금 0.3g, 물 적당량, 실파 1g, 청양고추 1g, 홍고추 1g

How to Make

1 바지락을 손바닥으로 박박 문질러 씻은 다음 냄비에 바지락과 분량의 물을 담고 마늘과 대파를 넣고 끓인다.
2 조개가 입을 벌리면 건져서 생수에 살살 흔들어 씻는다. 조개 국물은 잠시 그대로 두었다가 체에 밭쳐 다른 냄비에 담는다.
3 조개 국물을 살짝 더 끓이다가 삶은 조개를 넣고 모자라는 간은 소금으로 맞춘다.
4 **3**을 그릇에 담고 고명으로 실파, 청양고추, 홍고추를 올린다.

TIP 바지락은 저지방 저칼로리 식품으로 복부비만 예방에 좋다.
TIP 조개류는 충분한 해감 후 사용해야 모래가 씹히지 않는다.

TABLE 8

오징어볶음정식

524kcal
소금 2.9g

식단 영양소 열량 524kcal · 당질 77g · 단백질 31g · 지질 11g · 나트륨 1,157mg

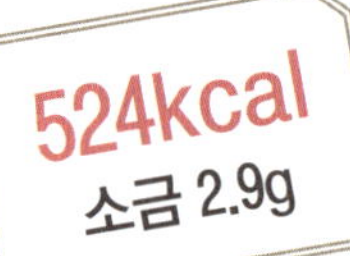

오징어는 소금 대신 액젓으로 간을 하여 감칠맛을 더했고 새콤한 사과드레싱에 어린잎채소를 곁들여 내었습니다.

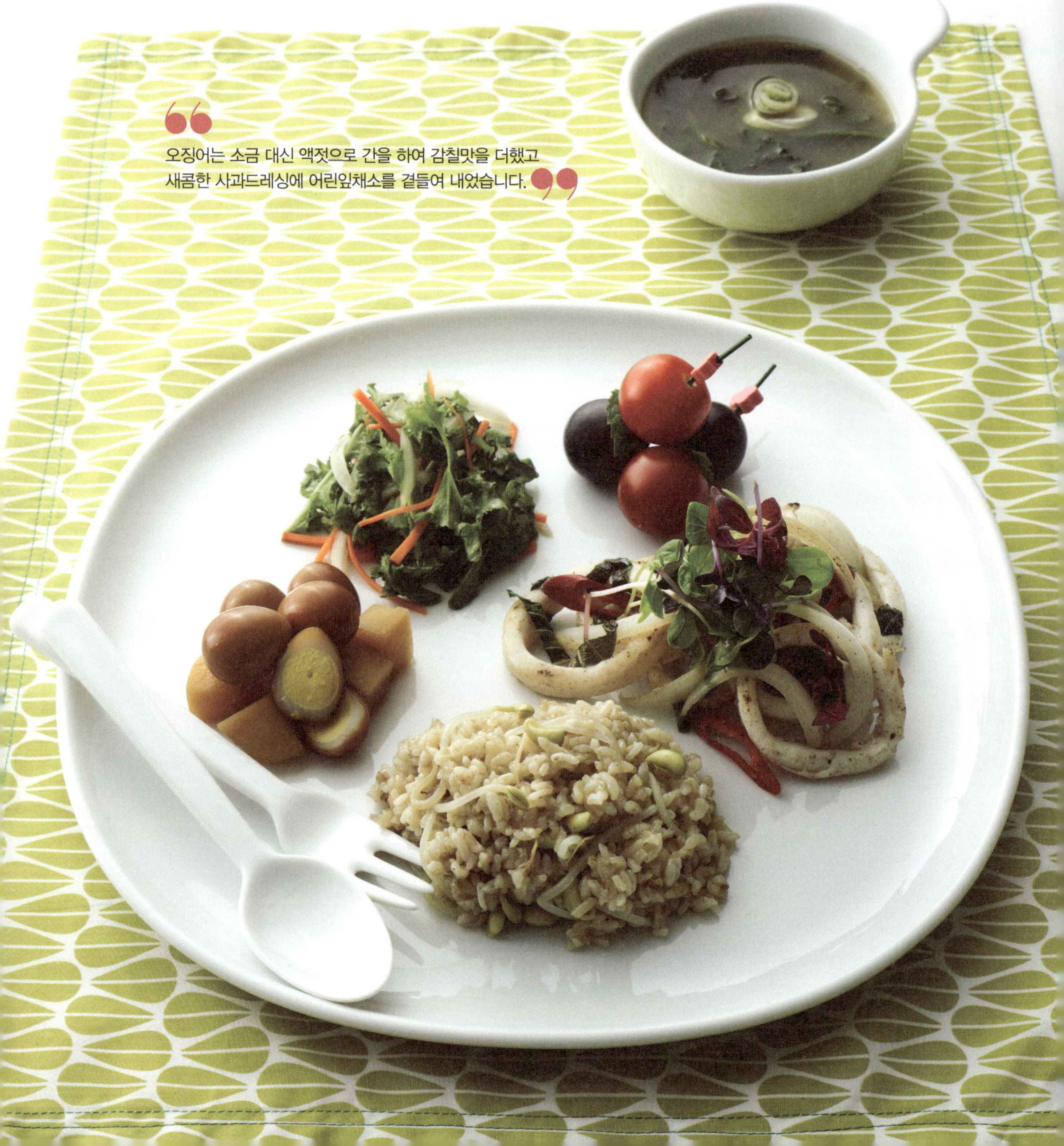

오징어볶음

열량	당질	단백질	지질	나트륨
128kcal	7g	15g	4g	372mg

Ready

오징어 70g, 레몬즙 7g, 양파 20g, 어린잎채소 20g, 다진 마늘 3g, 멸치액젓 2g, 깻잎 2g, 홍고추 2g **사과드레싱** 사과 5g, 사과주스 5g, 마요네즈 5g, 식초 2g, 설탕 1g, 소금 0.3g

How to Make

1 오징어는 깨끗이 씻어 껍질을 벗긴 후 칼집을 내 레몬즙에 재어 놓는다.

2 양파는 씻어서 적당한 크기로 채썬다.

3 어린잎채소는 깨끗이 씻어서 물기를 뺀다.

4 분량의 재료로 드레싱을 만든다.

5 **1, 2**에 다진 마늘, 멸치액젓, 깻잎을 넣고 팬에서 충분히 볶아낸 후 홍고추를 얹어서 담아낸다.

6 **5** 옆에 어린잎채소를 담아 사과드레싱을 뿌린다.

TIP 오징어 껍질에는 콜레스테롤과 나트륨이 다량 함유되어 있어 껍질을 벗기면 콜레스테롤과 나트륨을 줄이면서 칼로리도 낮출 수 있다.

TIP 어린잎채소는 비타민과 무기질 함량이 매우 높고 조리 시 자르지 않고 그대로 사용할 수 있어 수용성 비타민 등 영양소 손실이 적다.

치커리초간장생채

열량	당질	단백질	지질	나트륨
13kcal	2g	1g	0g	135mg

Ready

치커리 30g, 양파 5g, 당근 2g, 진간장 2g, 식초 2g, 다진 마늘 1g, 참기름 0.3g

How to Make

1 치커리는 깨끗이 씻어서 적당히 잘라 놓는다.

2 양파, 당근은 씻어서 얇게 채썬다.

3 치커리, 양파, 당근에 간장, 식초, 다진 마늘, 참기름을 넣어 버무린다.

과일

열량	당질	단백질	지질	나트륨
21kcal	6g	0g	0g	3mg

Ready

거봉 30g, 방울토마토 30g

메추리알감자조림

열량	당질	단백질	지질	나트륨
102kcal	8g	6g	5g	173mg

Ready

메추리알 40g, 감자 25g, 진간장 2g, 설탕 2g, 다진 마늘 1g, 물엿 2g

How to Make

1 메추리알은 삶은 후 껍질을 까서 준비한다.

2 감자는 깍둑썰어 물에 담가 놓는다.

3 메추리알과 감자를 넣고 간장, 설탕, 마늘을 넣고 조려낸다.

4 물엿은 마지막에 넣어 윤기가 나도록 한다.

TIP 메추리알은 삶아서 찬물에 빨리 담가야 껍질이 잘 벗겨진다.

녹차콩나물밥

열량	당질	단백질	지질	나트륨
221kcal	48g	5g	0g	81mg

Ready

콩나물 30g, 쌀 60g, 녹차가루 0.1g, 소금 0.2g

How to Make

1 쌀은 씻어서 20분 정도 불린다.

2 콩나물은 깨끗이 씻어 놓는다.

3 불린 쌀에 콩나물, 소금을 살짝 넣어 밥을 짓는다.

4 **3**에 녹차가루를 섞어서 담아낸다.

시금치된장국

열량	당질	단백질	지질	나트륨
39kcal	6g	4g	1g	394g

Ready

시금치 50g, 된장 5g, 대파 3g, 다진 마늘 1g, 소금 0.2g **멸치국물** 마른 멸치 3g, 건다시마 2g, 무 10g, 대파 5g, 물 적당량

How to Make

1 분량의 재료를 넣어 멸치국물을 준비한다.

2 시금치는 깨끗이 씻어서 적당히 자른다.

3 멸치국물에 된장을 풀고 시금치를 넣어 끓인다

4 충분히 끓인 후 다진 마늘과 소금으로 간을 한다.

5 마지막에 대파를 얹어낸다.

TIP 된장국에 넣을 시금치는 너무 길지 않게 잘라야 먹기 좋다. 오래 끓이지 말고 숨이 죽어 부드러워질 정도만 살짝 끓인다.

주꾸미마늘구이정식

522kcal
소금 2.6g

식단 영양소 열량 522kcal · 당질 83g · 단백질 23g · 지질 13g · 나트륨 1,051mg

> 항암효과가 있는 마늘과 주꾸미에 발사믹소스를 넣어 익혀낸 후
> 섬유질이 풍부한 샐러드를 곁들여 준비하였습니다.

주꾸미마늘구이

열량	당질	단백질	지질	나트륨
133kcal	11g	9g	6g	476mg

Ready

주꾸미 70g, 마늘 17g, 올리브유 3g **발사믹소스** 발사믹식초 7g, 청피망 5g, 홍피망 5g, 물엿 2g, 설탕 0.8g, 다진 마늘 0.7g, 소금 0.3g, 후추 0.1g **양상추샐러드** 양상추 20g, 오이 5g, 노랑 파프리카 5g **레몬드레싱** 레몬 4g, 레몬즙 2g, 마요네즈 4g, 식초 2g, 설탕 0.5g, 소금 0.3g

How to Make

1 주꾸미는 손질하여 소금을 넣어 주물러 씻은 후 살짝 데쳐서 먹기 좋은 크기로 썬다.
2 마늘과 주꾸미는 팬에 올리브유를 두르고 살짝 구워낸 다음 준비해놓은 발사믹소스를 넣고 한번 더 익혀낸다.
3 양상추는 깨끗이 씻어 물기를 제거한 후 적당한 크기로 자르고 오이와 노랑 파프리카는 깨끗이 씻은 뒤 오이는 원형 슬라이스로 얇게 썰고, 노랑 파프리카는 채썬다.
4 분량의 재료로 드레싱을 준비한다.
5 준비된 그릇에 **2**를 담아내고 사이드로 양상추샐러드를 담아 준비한 드레싱을 뿌려낸다.

TIP 주꾸미는 오래 데치면 자칫 질겨질 수 있으므로 오그라들면서 익기 시작하면 바로 건져서 식혀야 한다. 주꾸미는 3~4월이 제철이며, 냄새가 나지 않고 손으로 눌렀을 때 탄력이 있어야 싱싱하다.

느타리버섯맑은장국

열량	당질	단백질	지질	나트륨
23kcal	4g	2g	0g	234mg

Ready

느타리버섯 15g, 배추 15g, 양파 5g, 대파 2g, 간장 1g, 다진 마늘 1g, 소금 0.2g **멸치국물** 마른 멸치 3g, 건다시마 2g, 무 10g, 대파 5g, 물 적당량

How to Make

1 분량의 재료를 넣어 멸치국물을 준비한다.
2 느타리버섯은 씻어서 먹기 좋은 크기로 찢어 놓는다.
3 배추는 깨끗이 씻어서 적당한 크기로 썬다.
4 양파는 씻어서 적당히 채썬다.
5 멸치국물에 배추와 느타리버섯, 양파를 넣고 끓이다가 간장으로 색을 낸 후 마늘과 소금으로 간을 한다.
6 국이 다 끓으면 대파를 얹어낸다.

TIP 배추는 너무 오래 끓이면 물러지기 때문에 가급적 마지막에 넣어야 질감이 살아난다.

두부채소구이

열량	당질	단백질	지질	나트륨
77kcal	10g	6g	3g	179mg

Ready

두부 50g, 양파 20g, 단호박 30g, 피망 10g, 레몬즙 3g, 간장 3g, 식초 2g, 설탕 1g

How to Make

1 두부는 사각으로 납작하게 썰고 양파는 동그란 모양을 살려 잘라 놓는다.
2 단호박은 씨를 제거한 후 슬라이스 한다.
3 피망은 굵게 채썬다.
4 두부와 양파, 단호박, 피망을 오븐에서 살짝 구워낸다.
5 분량의 양념장을 준비하여 곁들여낸다.

흑미밥

열량	당질	단백질	지질	나트륨
212kcal	47g	4g	0g	3mg

Ready

흑미밥 2/3공기(140g)

미나리오이무침

열량	당질	단백질	지질	나트륨
29kcal	4g	1g	1g	157mg

Ready

미나리 30g, 오이 10g, 깨 0.3g **양념장** 고추장 3g, 설탕 1g, 참기름 1g, 식초 2g, 고춧가루 1g, 다진 마늘 0.5g, 소금 0.2g

How to Make

1 미나리는 깨끗이 씻어 먹기 좋은 크기로 적당히 썬다.
2 오이는 씻은 후 어슷하게 썬다.
3 분량의 재료로 양념장을 만든다.
4 미나리와 오이를 준비한 양념장으로 무쳐낸 후 마지막에 깨를 뿌려낸다.

견과류요구르트

열량	당질	단백질	지질	나트륨
47kcal	7g	2g	2g	1mg

Ready

플레인 요구르트 40g, 아몬드 슬라이스 1g

How to Make

1 분량의 플레인 요구르트를 그릇에 담는다.
2 아몬드 슬라이스를 위에 얹어낸다.

우엉떡갈비정식

식단 영양소 열량 516kcal · 당질 88g · 단백질 20g · 지질 12g · 나트륨 885mg

516kcal
소금 2.2g

섬유소가 풍부한 우엉을 이용한 '우엉떡갈비'는
오븐에 구워 칼로리를 낮추고, 비타민 함량이 높은
어린잎채소샐러드를 곁들여 식단을 준비하였습니다.

우엉떡갈비

열량	당질	단백질	지질	나트륨
178kcal	25g	11g	5g	326mg

Ready

소고기(다짐육) 40g, 우엉 40g **고기양념** 배 10g, 양파 10g, 물엿 5g, 간장 5g, 다진 마늘 1g, 참기름 0.3g, 맛술 3g, 대파 3g **가니쉬** 마늘 15g, 단호박 40g

How to Make

1 소고기는 핏물을 빼준다.
2 우엉은 깨끗이 씻어 물기를 뺀 후 잘게 다져서 놓는다.
3 핏물을 뺀 소고기에 분량의 양념재료를 넣고 차지게 치대어 준비해놓는다.
4 단호박은 깨끗이 씻어 반으로 갈라 씨를 빼낸 후 반달 모양을 살려 적당한 크기로 슬라이스 한다.
5 마늘은 깨끗이 씻어 물기를 제거해 놓는다.
6 **3**의 치댄 반죽은 넓적하게 빚어 단호박, 마늘과 함께 180℃ 오븐에서 20~25분 정도 노릇하게 구워내어 마무리한다.

TIP 우엉의 제 맛을 느끼려면 우엉은 껍질을 벗긴 후 그대로 채썰어 밥을 하거나 조림, 볶음 등을 해야 한다.

피망느타리버섯볶음

열량	당질	단백질	지질	나트륨
50kcal	4g	1g	4g	104mg

Ready

느타리버섯 40g, 피망 10g, 당근 5g, 양파 10g, 소금 0.3g, 다진 마늘 0.5g, 참기름 0.5g, 올리브유 3g, 대파 1g

How to Make

1 느타리버섯, 피망, 당근, 양파는 흐르는 물에 2~3회 정도 깨끗이 씻은 후 느타리버섯은 잘게 찢고 피망, 당근, 양파는 6cm 길이의 적당한 두께로 채썬다.
2 팬에 올리브유를 살짝 두른 후 느타리버섯, 당근, 양파, 피망 순으로 볶는다.
3 **2**에 소금과 마늘로 간을 한 후 한번 더 볶는다.
4 그릇에 담기 직전 참기름과 대파를 뿌려 마무리한다.

기장밥

열량	당질	단백질	지질	나트륨
212kcal	47g	4g	0g	3mg

Ready

기장밥 2/3공기(140g)

어린잎채소&파인애플

열량	당질	단백질	지질	나트륨
33kcal	4g	0g	2g	4mg

Ready

어린잎채소 10g, 파인애플 50g **발사믹소스** 발사믹식초 5g, 올리브유 2g

How to Make

1 어린잎채소는 깨끗이 씻어서 물기를 빼놓는다.
2 파인애플은 한입 크기로 썬다.
3 **1**, **2**를 잘 담고 발사믹소스를 얹어낸다.

조갯살미역국

열량	당질	단백질	지질	나트륨
21kcal	2g	2g	1g	444mg

Ready

미역 3g, 조갯살 10g, 국간장 2g, 다진 마늘 2g, 참기름 0.5g, 소금 0.3g, 물 적당량

How to Make

1 미역은 찬물에 헹궈 불리고 조갯살은 씻어 체에 밭쳐 놓는다.
2 불린 미역은 국간장을 넣어 무쳐 놓는다.
3 냄비에 미역, 조갯살, 다진 마늘을 넣고 물을 부어 끓이다가 참기름을 넣고 마무리한다.

TIP 미역을 불릴 때는 찬물에 30분 정도만 담가 불려야 향과 맛이 진해진다.

토마토주스

열량	당질	단백질	지질	나트륨
23kcal	5g	1g	0g	5mg

Ready

토마토 100g, 올리고당 3g, 얼음/ 물 각 적당량

How to Make

1 토마토는 깨끗이 씻은 후 꼭지를 떼고 4~5등분으로 잘라 놓는다.
2 믹서에 준비된 토마토와 얼음, 물 적당량을 넣고 간다.

TIP 토마토는 주스를 만들기 전 차갑게 두어 시원한 맛이 나도록 하는 것이 먹기에 좋다. 생수와 함께 얼음 몇 조각을 넣어 갈면 갈증해소에도 좋다.

TIP 토마토에는 나트륨 배출을 도와주는 칼륨이 많아서 저염식 밥상을 차릴 때 좋으며, 기름에 볶아 먹거나 살짝 익혀 먹어야 영양소 흡수가 잘 된다.

TABLE 11

마늘소스닭가슴살구이정식

523kcal
소금 2.0g

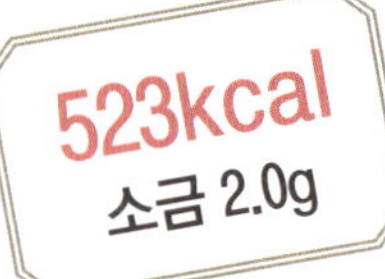

식단 영양소 열량 523kcal • 당질 84g • 단백질 25g • 지질 11g • 나트륨 781mg

기름기가 적은 닭가슴살은 매콤하게 조리하고,
감자는 통으로 오븐에 구워내 칼로리를 낮췄으며,
영양이 풍부하고 열량이 낮은 뿌리채소들을
샐러드로 곁들여 구성한 식단입니다.

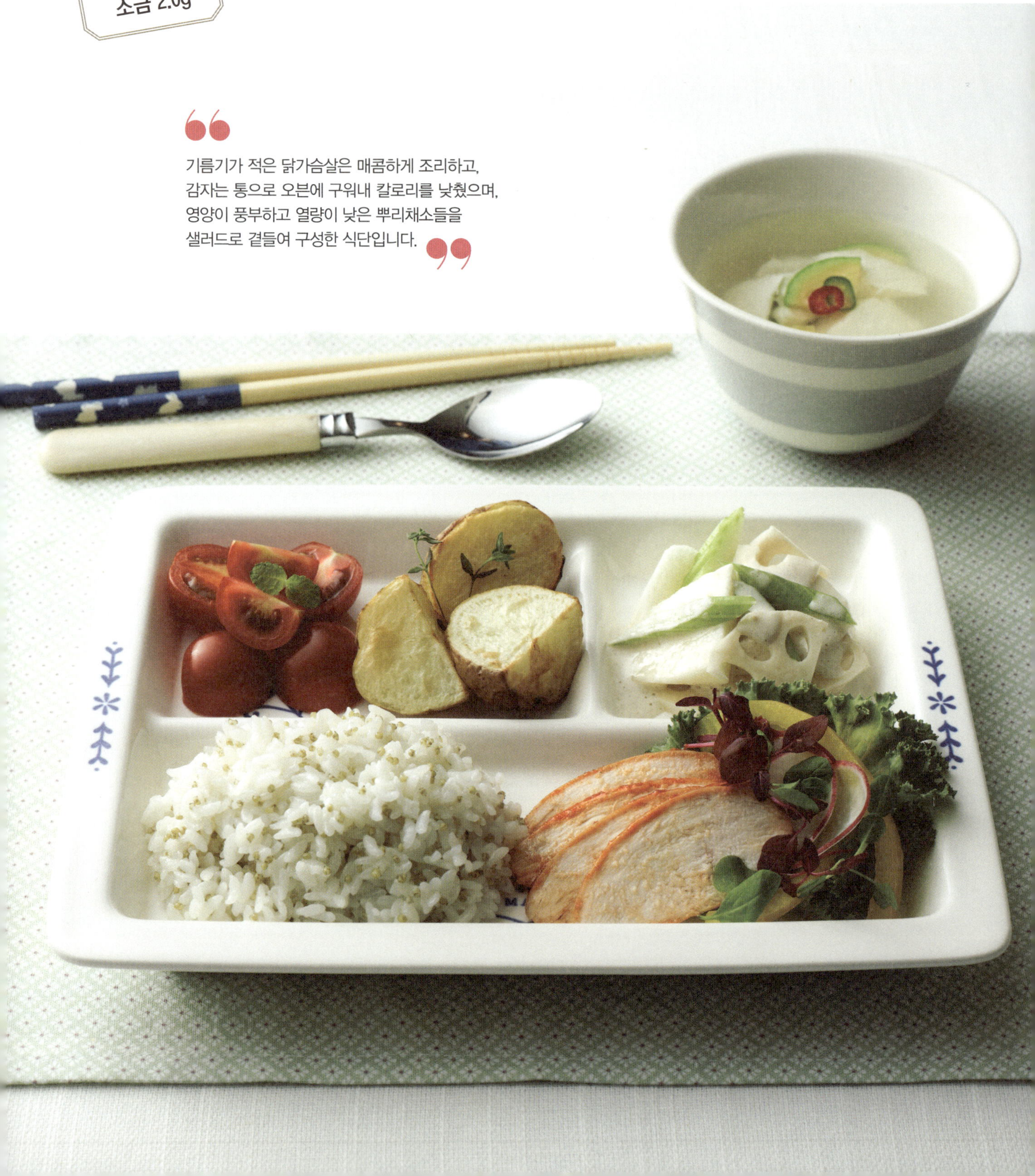

마늘소스닭가슴살구이

열량	당질	단백질	지질	나트륨
157kcal	14g	16g	4g	508mg

Ready

닭가슴살 60g, 맛술 6g, 로즈마리 0.3g **마리네이드 양념** 다진 마늘 5g, 바질 0.3g, 올리브유 1g, 물엿 3g **불닭소스** 고춧가루 3g, 고추장 7g, 진간장 5g, 매실액 3g, 사과 5g, 양파 5g, 사과 5g, 올리브유 2g **그린샐러드** 적로즈 20g, 레디쉬 2g, 노랑 파프리카 10g, 오이 5g, 어린잎채소 3g **그린샐러드 드레싱** 올리브유 1g, 레몬즙 3g, 식초 2g, 설탕 1g

How to Make

1 닭은 먹기 좋은 크기로 잘라 맛술과 로즈마리에 재어 놓는다.
2 오븐에 재어 놓은 닭가슴살을 살짝 익힌 후 준비한 재료로 마리네이드 해놓는다.
3 적로즈는 적당히 썰고 레디쉬는 얇게 슬라이스 하며 노랑 파프리카와 오이는 얇게 채썬다.
4 올리브유, 레몬즙, 식초, 설탕을 넣어 그린샐러드 드레싱을 준비한다.
5 불닭소스 재료를 넣고 믹서기에 갈아서 양념장을 만들어 놓는다.
6 구워낸 불닭과 샐러드를 담아 준비한 드레싱을 곁들여낸다.
7 불닭소스 재료를 넣고 믹서기에 갈아서 양념장을 만들어 놓는다.

TIP 닭가슴살을 자를 때 모양을 생각하며 결대로 자르게 되는데 결의 반대 방향으로 자르면 식감이 훨씬 부드럽다.

뿌리채소샐러드

열량	당질	단백질	지질	나트륨
68kcal	7g	2g	4g	50mg

Ready

연근 20g, 삼마 10g, 샐러리 10g **통깨 드레싱** 통깨 3g, 두유 8g, 마요네즈 3g

How to Make

1 연근, 마는 껍질을 벗긴 후 먹기 좋은 크기로 썬다.
2 샐러리는 한입 크기로 썬다.
3 잘라 놓은 연근은 끓는 물에 살짝 익혀낸다.
4 분량의 재료를 넣고 드레싱을 만든다.
5 연근, 마, 샐러리를 담은 후 준비해놓은 드레싱을 뿌려낸다.

TIP 연근은 갈변이 될 수 있으므로 끓는 물에 익혀낼 때 식초를 살짝 넣어 데쳐주면 갈변을 막을 수 있다.

통감자구이

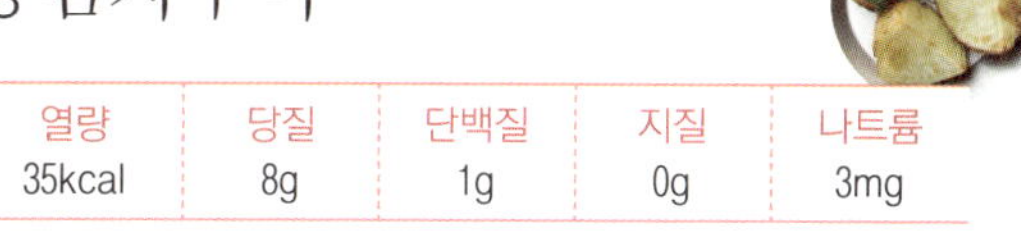

열량	당질	단백질	지질	나트륨
35kcal	8g	1g	0g	3mg

Ready

감자 50g

How to Make

1 감자는 깨끗이 씻은 후 십자 모양으로 칼집을 낸다.
2 1을 호일에 싸서 180℃ 오븐에 15분 이상 노릇하게 구워낸다.

차조밥

열량	당질	단백질	지질	나트륨
212kcal	47g	4g	0g	3mg

Ready

차조밥 2/3공기(140g)

순두부맑은국

열량	당질	단백질	지질	나트륨
23kcal	4g	2g	1g	204mg

Ready

애호박 15g, 순두부 20g, 대파 1g, 새우젓 1g, 소금 0.2g **다시마국물** 건다시마 2g, 가쓰오부시 2g, 물 적당량

How to Make

1 분량의 재료로 다시마국물을 끓인다.
2 애호박은 깨끗이 씻어 세로로 4등분한 뒤 은행잎 모양으로 썬다.
3 준비한 다시마국물에 순두부와 애호박을 넣고 끓이다가 새우젓과 소금으로 간을 하고 대파를 얹어낸다.

과일

열량	당질	단백질	지질	나트륨
6kcal	2g	0g	0g	2mg

Ready

방울토마토 40g

수육파냉채정식

520kcal
소금 2.9g

식단 영양소 열량 520kcal · 당질 67g · 단백질 28g · 지질 13g · 나트륨 1,146mg

돼지고기는 삶아서 조리해 칼로리를 낮췄고
겨자소스를 함께 제공하였으며, 새우와 아스파라거스
볶은 것을 더해 지방을 보충한 식단입니다.

수육파냉채

열량	당질	단백질	지질	나트륨
194kcal	13g	10g	9g	584mg

Ready

돼지고기(안심) 60g, 대파채 15g, 된장 5g, 맛술 15g, 다진 마늘 5g, 간장 3g, 대파 5g **겨자소스** 겨자 0.7g, 소금 0.3g, 식초 3g, 오렌지 10g, 머스터드 2g, 레몬즙 0.5g, 다진 마늘 2g, 설탕 0.5g

How to Make

1 돼지고기는 핏물을 빼준다.

2 적당한 물에 된장, 맛술, 마늘, 간장, 대파를 넣고 돼지고기를 충분히 삶아 건져낸 뒤 식힌 후 얇게 슬라이스 한다.

3 분량의 재료로 소스를 준비한다.

4 접시에 돼지고기를 담고 준비한 소스를 얹은 후 대파채를 곁들여낸다.

TIP 수육은 양념을 하지 않고 그대로 삶는 요리이기 때문에 된장을 넣어 삶으면 누린내를 잡아주고 육질도 부드러워진다. 결 반대 방향으로 썰어야 잘 부서지지 않고 식감도 좋다.

모듬채소스틱

열량	당질	단백질	지질	나트륨
12kcal	3g	0g	0g	28mg

Ready

오이 20g, 당근 20g, 샐러리 15g

How to Make

1 오이, 당근, 샐러리는 깨끗이 씻어 막대 모양으로 썬다.

2 그릇에 가지런히 담아낸다.

파인애플요구르트

열량	당질	단백질	지질	나트륨
33kcal	5g	3g	0g	25mg

Ready

파인애플 20g, 플레인 요구르트 50g

How to Make

1 파인애플은 먹기 좋은 크기로 자른다.

2 플레인 요구르트를 그릇에 담은 후 그 위에 준비한 파인애플을 올린다.

새우아스파라거스굴소스볶음

열량	당질	단백질	지질	나트륨
74kcal	2g	9g	3g	244mg

Ready

아스파라거스 20g, 청피망 8g, 양파 5g, 새우살 40g, 굴소스 3g, 올리브유 3g

How to Make

1 아스파라거스의 줄기는 감자 칼로 벗겨내 질긴 부분을 없애도록 한다.

2 손질한 아스파라거스는 물에 살짝 데친 후에 적당한 크기로 자른다.

3 청피망과 양파는 먹기 좋은 크기로 자른다.

4 새우살은 깨끗한 물에 씻어 놓는다.

5 준비해놓은 아스파라거스와 새우살, 청피망, 양파에 굴소스를 넣고 충분히 볶아낸다.

6 그릇에 예쁘게 담아낸다.

표고버섯밥

열량	당질	단백질	지질	나트륨
180kcal	40g	3g	0g	3mg

Ready

표고버섯밥 2/3공기(140g)

TIP 건표고를 사용할 경우 표고 불린 물을 버리지 말고 밥짓기를 할 때 넣으면 표고의 향이 더해져서 밥맛이 더욱 좋아진다.

호박새우젓국

열량	당질	단백질	지질	나트륨
29kcal	5g	3g	0g	262mg

Ready

애호박 30g, 양파 10g, 대파 1g, 다진 마늘 0.5g, 새우젓 2g, 후추 약간 **멸치국물** 마른 멸치 3g, 건다시마 2g, 무 10g, 대파 5g, 물 적당량

How to Make

1 분량의 재료를 넣어 멸치국물을 준비한다.

2 애호박은 깨끗이 씻어서 은행잎 썰기를 하고 양파는 적당히 사각썰기 한다.

3 준비한 멸치국물에 준비한 야채와 대파, 마늘을 넣어 끓인 후 마지막에 새우젓과 후추로 간을 한다.

유자소스삼치구이정식

514kcal
소금 2.0g

식단 영양소 열량 514kcal · 당질 66g · 단백질 23g · 지질 19g · 나트륨 831mg

> 불포화지방산이 많이 들어 있는 삼치를
> 겉면만 살짝 익힌 다음 오븐에서 구워 칼로리를 낮췄고
> 상큼한 유자소스를 곁들여 준비하였습니다.

유자소스삼치구이

열량	당질	단백질	지질	나트륨
142kcal	3g	12g	9g	169mg

Ready

삼치 80g, 소금 0.5g, 후추/ 맛술 각 약간, 올리브유 2.5g, 양파 10g, 레몬 5g **샐러드** 양상추 20g, 비타민 5g, 비트잎 5g **유자소스** 사이다 10g, 유자청 10g, 레몬주스 2g

How to Make

1 삼치는 구이용으로 손질하고 소금, 후추, 맛술에 1시간 정도 밑간을 해둔다.
2 분량의 재료를 넣어 유자소스를 만든 후 밑간을 한 삼치에 1/3 을 발라준다.
3 샐러드 야채는 깨끗이 씻어 물기를 제거한 후 적당한 크기로 자른다.
4 팬에 올리브유를 두르고 삼치 겉면만 살짝 굽는다.
5 220℃ 오븐에 양파와 레몬을 함께 넣어 10분간 구워준다.
6 접시에 삼치와 야채를 남은 유자소스 2/3와 함께 곁들여낸다.

TIP 생선의 비린 맛을 줄이려면 오븐에 구울 때 향미채소를 함께 넣어 굽고 유자소스를 곁들이면 더욱 맛있게 즐길 수 있다.

검은콩밥

열량	당질	단백질	지질	나트륨
212kcal	44g	5g	2g	1mg

Ready

흑태 5g, 쌀 55g(잡곡밥 2/3공기)

How to Make

1 쌀은 씻어서 20분 정도 불린다.
2 검은콩은 찬물에 불린다.
3 검은콩 불린 물에 불린 쌀을 넣어 밥을 짓는다.

배추된장국

열량	당질	단백질	지질	나트륨
35kcal	4g	4g	1g	372g

Ready

배추 60g, 대파 3g, 된장 5g, 멸치국물 1cc, 다진 마늘 0.5g, 고춧 가루 0.5g, 홍고추 약간 **멸치국물** 마른 멸치 3g, 건다시마 2g, 무 10g, 대파 5g, 물 적당량

How to Make

1 분량의 재료를 넣어 멸치국물을 준비한다.
2 배추는 손질하여 둔다.
3 멸치국물에 된장을 풀어서 배추를 넣고 끓인다.
4 배추가 익으면 다진 마늘과 고춧가루를 넣어 끓이다가 소금으로 간을 맞추어 마무리한다.

TIP 멸치육수는 오래 끓이면 비린내가 나니 오래 끓이지 않도록 한다.

곤약잡채

열량	당질	단백질	지질	나트륨
45kcal	3g	1g	4g	149mg

Ready

곤약 70g, 표고버섯 3g, 양파 15g, 오이 10g, 당근 5g, 올리브유 2g, 소금/ 통깨 각 약간 **잡채양념** 설탕 0.5g, 참기름 0.5g, 진간장 2.5g, 통깨 0.3g

How to Make

1 곤약은 깨끗이 씻어 체에 밭쳐서 물기를 빼둔다.
2 표고버섯은 기둥을 떼고 다듬어서 데친 후 물기를 꼭 짜서 채 썬다.
3 양파, 오이, 당근은 깨끗이 씻어 채썬다.
4 팬에 식용유를 두르고 소금으로 살짝 간을 하여 볶는다.
5 볶아낸 재료를 분량의 양념으로 무친 후 통깨를 뿌려 마무리한다.

도라지오이무침

열량	당질	단백질	지질	나트륨
34kcal	7g	1g	1g	122mg

Ready

도라지 20g, 오이 20g, 대파/ 소금 각 약간 **무침양념** 고춧가루 2g, 고추장 2g, 다진 마늘 0.5g, 설탕 0.5g, 통깨 0.5g, 소금 0.2g, 식초 2g, 대파 1g

How to Make

1 도라지는 굵은 소금으로 문질러 씻은 후 가늘게 찢어서 준비한다.
2 오이는 채썰어 준비한 뒤 소금을 넣어 살짝 절여둔다.
3 준비된 도라지에 고춧가루를 넣고 버무린다.
4 **2**에 무침양념 재료를 넣고 무친다.

TIP 양념장을 미리 만들어 숙성시켜 사용하면 색깔과 맛이 좋다.

과일샐러드

열량	당질	단백질	지질	나트륨
46kcal	5g	0g	2g	18mg

Ready

사과 15g, 바나나 3g, 오렌지 5g, 방울토마토 20g **요거트드레싱** 플레인 요구르트 10g, 마요네즈 3g

How to Make

1 사과는 깨끗이 씻어 껍질째로 먹기 좋게 썰어 준비한다.
2 바나나는 슬라이스로 썬다.
3 오렌지는 껍질을 제거한 뒤 먹기 좋게 썰어 준비한다.
4 방울토마토는 깨끗이 씻어 꼭지를 떼어 내고 준비한다.
5 그린비타민과 치커리를 씻어서 물기를 제거하고 적당한 크기 로 자른다.
6 적채는 사각형 모양으로 썬다.
7 준비해둔 재료에 요거트드레싱을 골고루 버무려 섞어준다.

몸이 가벼워지는 똑똑한

503
양식

새우스테이크정식

519kcal
소금 2.9g

식단 영양소 열량 519kcal · 당질 45g · 단백질 31g · 지질 11g · 나트륨 1,182mg

수분 함량이 높고 포만감이 좋은 대표적인 다이어트 식품인 두부에
새우를 넣어 만든 스테이크로, 시중에서 판매되는 마요네즈 대신
소금, 설탕, 기름의 사용을 줄인 홈메이드 두부마요네즈를 뿌려
칼로리를 낮추었습니다.

새우스테이크

열량	당질	단백질	지질	나트륨
192kcal	17g	21g	5g	348mg

Ready

두부 60g, 자숙새우 20g, 게맛살 5g, 표고버섯 15g, 양파 5g, 애호박 10g, 달걀 5g, 후추 0.1g, 밀가루 5g **가니쉬** 당근 20g, 브로콜리 40g, 양상추 20g **데리야키소스** 진간장 3g, 맛술 3g, 다시마 0.5g, 가다랑어 1g, 물 5g, 굴소스 0.5g, 올리고당 1g, 매실청 0.5g **마요소스** 두부 10g, 아몬드 슬라이스 1g, 올리브유 0.5g, 올리고당 0.3g, 매실청 0.3g, 두유 10g

How to Make

1 두부를 면 보자기로 싸서 물기를 짠다.
2 게맛살, 표고버섯과 채소는 잘게 다지고 새우는 2등분해서 준비한다.
3 버섯, 채소, 게맛살, 새우, 두부를 한데 담고 달걀, 밀가루, 후추가루와 함께 치대어 반죽한다.
4 반죽을 둥글넓적하게 빚어 200℃ 오븐에서 10분간 구운 뒤 다시 뒤집어서 10분간 굽는다.
5 당근은 손가락 크기로 썰고 브로콜리는 끓는 물에 소금을 넣어 데친다.
6 양상추는 깨끗이 씻어 물기를 제거한 후 적당한 크기로 자른 다음 분량대로 소스를 만든다.
7 구워진 스테이크에 데리야키소스와 마요소스를 뿌리고 **5**의 채소를 곁들인다.

옥수수크림수프

열량	당질	단백질	지질	나트륨
77kcal	10g	3g	3g	280mg

Ready

옥수수(통조림) 30g, 양파 15g, 치킨브로스 1/3cc, 저지방우유 30g, 생크림 10g, 버터 1g, 소금/ 후추 각 약간

How to Make

1 옥수수는 체에 밭쳐 물기를 제거한 뒤 갈아서 준비한다.
2 옥수수크림수프에 분량의 물을 넣고 저어 끓이다가 갈아놓은 옥수수를 넣고 걸쭉해지도록 끓인다.
3 그릇에 수프를 담고 옥수수를 띄운다.

블루베리베이글

열량	당질	단백질	지질	나트륨
200kcal	7g	4g	0g	310mg

Ready

블루베리베이글 85g

시금치샐러드

열량	당질	단백질	지질	나트륨
52kcal	5g	2g	3g	51mg

Ready

시금치 30g, 체리 20g, 적양파 5g, 호두 3g, **레몬제스트드레싱** 다진 레몬껍질 5g, 레몬즙 3g, 설탕 0.8g, 올리브유 1g, 소금 0.1g

How to Make

1 시금치는 잘 씻어 포기를 나누고, 호두는 끓는 물에 데쳐 굵직하게 다진다.
2 체리는 잘 씻어 꼭지를 따고, 양파는 5cm 길이로 곱게 채썬다.
3 베이컨은 팬에서 살짝 구워 먹기 좋은 크기로 썰어둔다.
4 시금치와 양파를 팬에 넣고 센불로 빨리 볶다가 호두를 넣는다.
5 **4**를 접시에 담고 체리와 베이컨을 올린 뒤 분량의 레몬제스트드레싱 재료를 섞어 뿌린다.

양배추피클

열량	당질	단백질	지질	나트륨
23kcal	5g	1g	0g	193mg

Ready

양배추 35g, 적채 10g **피클양념** 설탕 3g, 소금 0.5g, 식초 13g, 양파 15g, 통후추 0.1g, 피클링스파이스 1g, 물 적당량

How to Make

1 분량의 재료를 넣어 피클양념을 만든다.
2 양배추와 적채는 먹기 좋은 크기로 썰어둔다.
3 준비한 양배추를 그릇에 담고 피클양념과 통후추를 부어 골고루 뒤적인 후 실온에 6시간을 두었다가 냉장 보관한다.

TIP 비트를 살짝 갈아 피클양념에 넣어주면 예쁜 색깔을 만들 수 있다.

닭가슴살두부구이정식

505kcal
소금 2.6g

식단 영양소 열량 505kcal · 당질 31g · 단백질 28g · 지질 17g · 나트륨 1,076mg

> 오븐에 구운 닭가슴살과 노릇하게 익힌 두부에 칼로리가
> 낮은 오리엔탈드레싱을 곁들여 준비하였습니다.

닭가슴살두부구이

열량	당질	단백질	지질	나트륨
207kcal	8g	21g	10g	295mg

Ready

닭가슴살 35g, 두부(생식용) 80g, 숙주 50g, 양상추 15g, 어린잎채소 10g, 방울토마토 15g, 올리브유 2.5g, 소금/ 후추 각 약간 **오리엔탈드레싱** 물 20g, 갈은 통깨 1.5g, 설탕 3g, 식초 1.5g, 레몬 0.5g, 진간장 3g, 올리브유 1g, 다진 마늘 0.5g, 와사비 0.5g

How to Make

1 닭가슴살은 가로로 저며 분량의 밑간 재료로 밑간을 한 뒤 그릴에 노릇하게 굽고 180℃ 오븐에서 15분간 더 구워낸다.
2 두부는 크게 썰어 팬에 올리브유를 두르고 겉면을 노릇하게 익혀낸다.
3 숙주는 잘 씻은 뒤 살짝 데쳐서 준비한다.
4 야채는 깨끗이 씻어 물기를 제거한 후 적당한 크기로 자르고 방울토마토는 씻어서 꼭지를 따둔다.
5 분량의 재료를 섞어 오리엔탈드레싱을 만들어둔다.
6 접시에 채소를 깐 뒤 숙주, 닭가슴살, 두부를 올리고 드레싱을 곁들여낸다.

양파수프

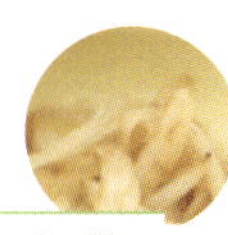

열량	당질	단백질	지질	나트륨
54kcal	7g	4g	1g	259mg

Ready

양파 40g, 버터 1g, 밀가루 1g **닭국물** 닭뼈 30g, 마늘 15g, 후추 약간, 소금 0.5g, 물 적당량

How to Make

1 양파는 다듬어서 가늘게 채썬다.
2 팬에 버터를 넣어 녹으면 채썬 양파를 넣고 나무주걱으로 계속 저으면서 갈색이 날 때까지 볶는다.
3 냄비에 닭국물을 붓고 볶은 양파를 넣어 뭉근한 불에서 푹 끓인 후 소금, 후추가루로 간을 한다.

단호박샐러드

열량	당질	단백질	지질	나트륨
55kcal	5g	1g	4g	97mg

Ready

단호박 50g, 오이 5g, 당근 2g, 건포도 2g, 마요네즈 5g, 설탕 0.5g, 소금 0.2g

How to Make

1 단호박은 찜통에 쪄서 따뜻할 때 체에 내린다.
2 오이, 당근은 사방 1cm로 썰어서 준비한다.
3 분량의 재료를 섞어 함께 버무린다.

TIP 단호박은 지방이 적게 함유되어 있어 다이어트에 좋다.
TIP 단호박 1/3은 으깨고, 2/3는 모양을 살려서 버무리면 한층 먹음직스러운 샐러드를 만들 수 있다.

무피클

열량	당질	단백질	지질	나트륨
26kcal	5g	1g	0g	199mg

Ready

무 35g, 홍고추 1g, 풋고추 1g **피클양념** 설탕 3g, 소금 0.5g, 식초 13g, 양파 15g, 통후추 0.1g, 피클링스파이스 1g, 물 적당량

How to Make

1 분량의 재료를 넣어 피클 양념을 만든다.
2 무는 껍질을 벗긴 후 먹기 좋은 크기로 썬다.
3 준비한 무와 홍고추, 풋고추를 그릇에 담고 피클양념을 부어 골고루 뒤적인 후 실온에 6시간 두었다가 냉장 보관한다.
4 **3**을 그릇에 담아내고 홍고추와 풋고추를 띄운다.

찹쌀칠곡빵

열량	당질	단백질	지질	나트륨
244kcal	6g	1g	1g	226mg

Ready

빵 50g

나물햄버그스테이크정식

530kcal
소금 2.3g

식단 영양소 열량 530kcal · 당질 79g · 단백질 23g · 지질 14g · 나트륨 919mg

66
기존 햄버그스테이크에 각종 나물을 넣어
섬유소 섭취를 높이고 씹는 맛은 더했으며
칼로리는 낮췄습니다. 99

나물햄버그스테이크

열량	당질	단백질	지질	나트륨
170kcal	16g	10g	8g	331mg

Ready

소고기(다짐육) 50g, 달걀 5g, 고사리 10g, 당근 5g, 참나물 10g, 샐러리 10g, 식용유 2.5g **고기양념** 다진 마늘 1g, 밀가루 7g, 후추 약간, 설탕 0.5g, 소금 0.5g, 양파 5g **소스** 양송이버섯 15g, 청피망 3g, 양파 3g, 홍피망 3g 버터 1g, 토마토케첩 3g, 우스타소스 5g, 스테이크소스 10g, 하이스 3g

How to Make

1 소고기는 핏물을 뺀다.

2 삶아 놓은 고사리는 1cm로 썰어서 준비한다.

3 참나물은 살짝 데쳐서 1cm로 썰어서 준비한다.

4 당근과 샐러리는 굵게 다져둔다.

5 분량의 재료와 양념을 넣고 끈기가 생길 때까지 치댄다.

6 **5**의 반죽을 동글납작하게 빚는다.

7 달군 팬에 식용유를 약간 두르고 겉면을 살짝 익힌다.

8 만들어진 고기는 180℃ 오븐에서 20~25분간 굽는다.

9 양송이, 청피망, 홍피망, 양파는 슬라이스 하여 준비한다.

10 팬에 버터를 두르고 야채를 볶아서 준비한다.

11 토마토케첩, 우스타소스, 스테이크소스, 하이스를 넣어 소스를 만든 뒤 끓기 시작하면 볶아놓은 야채를 넣어 마무리한다.

12 잘 구워진 스테이크에 **11**을 얹어낸다.

TIP 고기 반죽은 오래 치댈수록 구웠을 때 패티가 연하고 맛있다.

브로콜리크림수프

열량	당질	단백질	지질	나트륨
46kcal	5g	3g	2g	211mg

Ready

브로콜리 30g, 양파 10g, 치킨브로스 1/3cc, 저지방우유 20g, 생크림 5g, 버터 1g, 소금/ 후추 각 약간

How to Make

1 브로콜리는 살짝 데치고 양파는 다진다.

2 냄비에 버터를 두르고 양파를 넣고 볶다가 브로콜리를 넣고 볶는다.

3 **2**에 치킨브로스를 넣고 끓으면 약불에서 15분 정도 끓인 다음 불을 끄고 식힌다.

4 **3**을 믹서로 곱게 갈아서 냄비에 다시 붓고 우유, 생크림, 소금, 후추를 넣고 끓인다.

5 파슬리가루를 살짝 뿌려 마무리한다.

TIP 수프를 만들 때 **치킨브로스**(닭육수의 일종으로 수프나 국, 찌개 등 국물 요리에 진한 맛을 내기 위해 사용하며, 직접 육수를 내어 사용하는 것보다 간편하다.)를 사용하면 풍미가 깊어진다.

구운양송이야채꼬치

열량	당질	단백질	지질	나트륨
25kcal	4g	3g	0g	297g

Ready

양송이버섯 20g, 청피망 10g, 홍피망 10g, 브로콜리 20g, 콜리플라워 20g, 양파 15g **양념장** 진간장 5g, 다진 파 3g, 다진 마늘 3g, 설탕 1g

How to Make

1 양송이버섯은 껍질을 벗겨 반으로 자르고 청피망과 홍피망은 양송이와 비슷한 크기로 썬다.

2 브로콜리와 콜리플라워도 양송이 만한 크기로 썰어 끓는 물에 데친 뒤 찬물에 헹궈 물기를 빼고, 양파도 비슷한 크기로 썬다.

3 꼬치에 준비한 재료를 번갈아 가며 꿴다.

4 양념장을 끼얹고 200℃ 오븐에서 10분간 굽는다.

리코타치즈샐러드

열량	당질	단백질	지질	나트륨
80kcal	9g	3g	4g	78g

Ready

양상추 25g, 비트잎 5g, 노랑 파프리카 3g, 빨강 파프리카 3g, 방울토마토 5g, 건자두 5g, 아몬드 슬라이스 1g, 리코타치즈 20g **리코타치즈 재료 4인분(완성량 80g)** 우유 250ml, 레몬즙 15g, 소금 0.5g **드레싱** 올리브유 2.5g, 발사믹식초 10g

How to Make

1 냄비에 우유를 붓고 중불에 올려 끓어오르면 레몬즙과 소금을 넣어 두세 번 저어준 뒤 약불에서 50분 정도 끓인다. 이때 뚜껑은 완전히 덮지 말고 살짝 열어둔다.

2 깨끗한 면보에 체를 받쳐 끓인 우유를 붓고 살짝 짜준다.

3 무거운 그릇을 얹어 7시간 동안 냉장고에 둔다.

4 양상추, 비트잎은 깨끗이 씻어 물기를 제거한 후 적당한 크기로 자른다. 파프리카는 채썰어 준비하고 방울토마토를 꼭지를 따고 건자두는 먹기 좋은 크기로 썰어둔다.

5 **4**의 야채에 **3**을 얹은 뒤 건자두와 아몬드를 토핑으로 뿌린다.

6 만들어놓은 드레싱을 곁들여낸다.

TIP 만든 치즈는 완전히 냉각 후 사용해야 하며 용기에 넣어 냉장 보관한다.

현미밥

열량	당질	단백질	지질	나트륨
209kcal	46g	4g	0g	2g

Ready

현미밥 2/3공기(140g)

TABLE 4

연어구이정식

516kcal
소금 2.4g

식단 영양소 열량 516kcal · 당질 62g · 단백질 33g · 지질 12g · 나트륨 985mg

“수퍼푸드 연어를 이용하여 건강한 지방산의 섭취를 높이고,
오븐 조리로 칼로리를 낮춘 연어구이 메뉴를 소개합니다.
구운 채소와 신선한 샐러드를 곁들여
포만감을 느낄 수 있는 식단으로 구성하였습니다.”

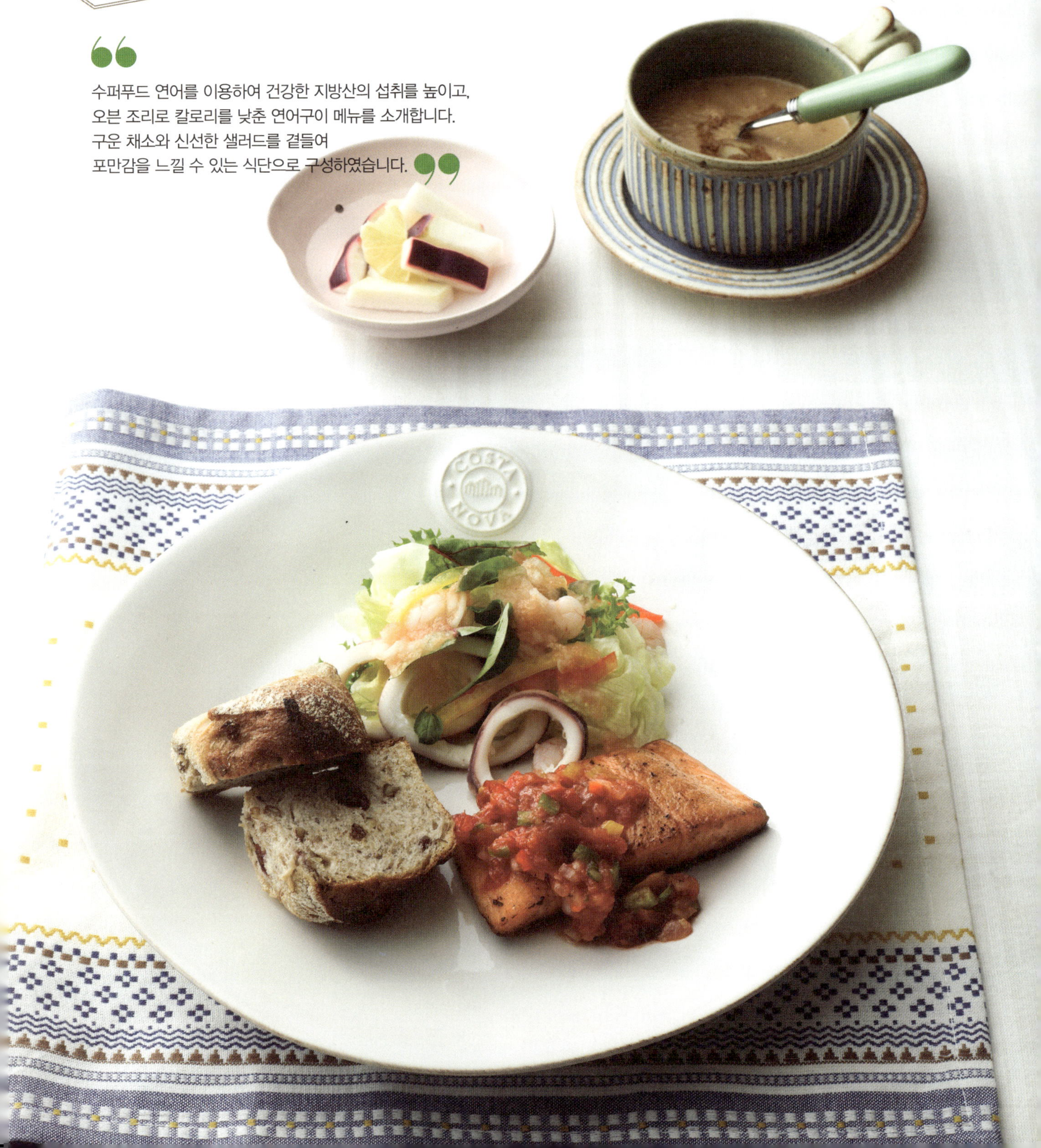

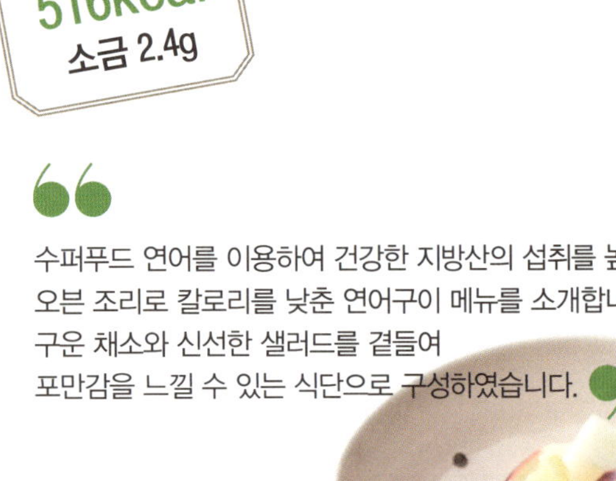

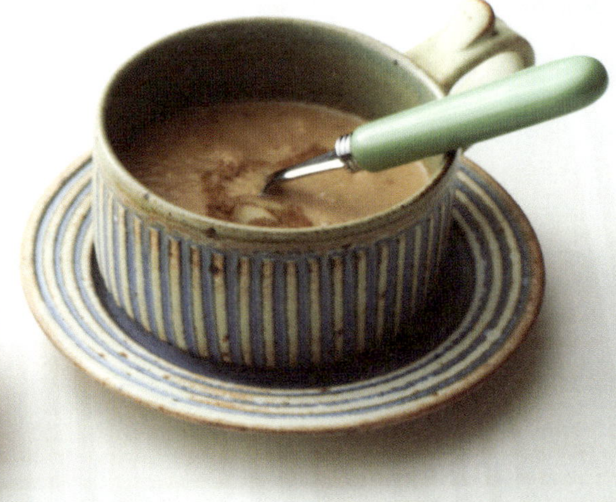

연어구이

열량	당질	단백질	지질	나트륨
166kcal	6g	13g	10g	318mg

Ready

연어 60g, 홀토마토 30g, 양파 10g, 올리브유 3g 다진 마늘 1g, 물 적당량, 레몬식초 3g, 설탕 3g, 월계수잎 약간, 소금 0.5g, 피망 10g, 노랑 파프리카 10g, 파슬리가루 약간 **연어양념** 바질 1g, 올리브유 2g, 파슬리 약간

How to Make

1 연어는 깨끗한 거즈를 이용해 물기를 제거하고 준비한다.
2 연어에 올리브유를 바르고 바질과 파슬리가루를 뿌리고 10분 간 재워둔다.
3 200℃ 오븐에서 10분간 익힌다.
4 양파는 다져서 준비하고 피망, 파프리카는 채썰어 준비한다.
5 올리브유를 두르고 마늘을 넣고 볶아 마늘향을 내주다가 양파를 넣고 황금색이 날 때까지 볶는다.
6 홀토마토와 분량의 소금, 설탕, 식초를 넣고 물기가 나오도록 잠시 볶는다.
7 6에 물을 넣은 뒤 월계수잎을 넣고 졸인다.
8 7이 2/3 정도로 졸으면 준비해놓은 피망과 파프리카를 넣고 섞는다.
9 접시에 연어를 담고 양념을 얹은 뒤 파슬리가루를 뿌려 마무리 한다.

TIP 생선을 마리네이드 한 후 구우면 생선의 잡내를 없애주고 식감도 부드러 워진다.

사과수프

열량	당질	단백질	지질	나트륨
62kcal	11g	2g	2g	199mg

Ready

사과 50g, 양파 20g, 우유 40g, 무염버터 1g, 소금 0.5g, 계피가루/ 아몬드 각 약간

How to Make

1 사과의 안쪽 부분을 작은 스푼으로 도려내고 양파는 곱게 다져 준비한다.
2 달군 팬에 버터를 넣고 잘게 다진 양파를 넣어 볶는다.
3 양파가 투명한 색을 띄면 사과 과육을 넣어 양파와 같이 무르 게 익힌다.
4 3이 무르게 익으면 우유와 생크림을 넣고 끓이다가 소금을 넣 어 간을 맞춘다.
5 한소끔 끓인 후 차게 식혀서 계피가루를 살짝 뿌리고 아몬드를 얹어낸다.

TIP 사과수프는 차갑게 식혀서 먹으면 더욱 맛있다.

크렌베리피칸

열량	당질	단백질	지질	나트륨
185kcal	30g	9g	0g	180mg

Ready

크렌베리피칸브레드 60g

해물샐러드

열량	당질	단백질	지질	나트륨
67kcal	7g	8g	1g	115mg

Ready

양상추 20g, 치커리 5g, 그린비타민 5g, 비트잎 5g, 빨강/ 노랑 파프리카 각 10g, 자숙새우 15g, 오징어 10g **자몽드레싱** 자몽 20g, 양파 5g, 메이플시럽 5g

How to Make

1 야채는 깨끗이 씻어 물기를 제거한 후 적당한 크기로 자른다.
2 빨강, 노랑 파프리카는 채썰어 준비한다.
3 오징어는 손질하여 링 모양으로 썰어서 준비하고 새우는 깨끗 이 씻어둔다.
4 끓는 물에 오징어와 새우를 데친 뒤 차가운 물에 헹군다.
5 자몽, 양파, 시럽을 넣고 곱게 갈아 드레싱을 준비한다.
6 야채와 해물을 섞어주고 드레싱을 곁들여낸다.

TIP 드레싱은 먹기 직전 버무려야 더욱 상큼한 맛을 즐길 수 있다.

콜라비피클

열량	당질	단백질	지질	나트륨
36kcal	8g	1g	0g	173mg

Ready

콜라비 35g, 레몬 5g **피클양념** 설탕 3g, 소금 0.5g, 식초 13g, 양파 15g, 통후추 0.1g, 피클링스파이스 1g, 물 적당량

How to Make

1 분량의 재료를 넣어 피클 양념을 만든다.
2 콜라비는 껍질을 벗긴 후 먹기 좋은 크기로 썬다.
3 준비한 콜라비와 레몬을 그릇에 담고 피클양념을 부어 골고루 뒤적인 후 실온에 6시간 동안 두었다가 냉장보관한다.

닭가슴살스테이크정식

식단 영양소 열량 530kcal · 당질 71g · 단백질 27g · 지질 16g · 나트륨 856g

530kcal
소금 2.1g

완벽한 고단백 저지방 식품인 닭가슴살에 두부를 넣어
스테이크를 만들었고, 스테이크소스 대신 발사믹크림을 사용하여
칼로리를 더욱 낮추었습니다.

닭가슴살스테이크

열량	당질	단백질	지질	나트륨
142kcal	11g	16g	5g	272mg

Ready

닭가슴살 40g, 판두부 60g, 새송이버섯 30g, 당근 5g, 청피망 5g, 홍피망 5g, 소금 0.3g, 후추 0.1g, 실파 0.2g, 식용유 2.5g, 발사믹크림 15g **구운채소** 청피망 10g, 빨강/ 노랑 파프리카 각 10g, 새송이버섯 20g, 소금 0.3g

How to Make

1 닭가슴살은 다지고 판두부는 으깨어 면포에 싼 다음 물기를 꼭 짠다.
2 청피망, 홍피망, 새송이버섯은 작게 썬다.
3 **1**과 **2**에 소금과 후추를 넣어 반죽한다.
4 150℃ 오븐에서 15분 정도 굽고 뒤집어서 10분 정도 더 굽는다.
5 구운 채소는 큼직하게 썰어 분량의 소금을 뿌린 뒤 오븐에서 15분간 굽는다.
6 그릇에 구워진 닭가슴살스테이크를 올리고 발사믹크림을 격자 모양으로 뿌린 뒤 구운 채소를 옆에 곁들인다.

TIP 패티를 만들 때 두부 물기를 확실히 제거해야 모양이 흐트러지지 않는다.

양송이수프

열량	당질	단백질	지질	나트륨
69kcal	7g	4g	3g	187mg

Ready

양송이버섯 50g, 양파 15g, 대파 15g, 치킨브로스 1/3cc, 저지방우유 30g, 생크림 10g, 버터 1g, 소금/ 후추 각 약간

How to Make

1 양송이는 편으로 잘게 썰고 양파는 채썬다.
2 냄비에 버터를 두르고 양파, 대파를 넣고 볶다가 양송이를 넣고 수분을 날리면서 볶는다.
3 **2**에 치킨브로스를 넣고 끓으면 약불에서 15분 정도 더 끓인 다음 불을 끄고 식힌다.
4 **3**을 믹서기로 곱게 갈아서 냄비에 다시 붓고 우유, 생크림, 소금, 후추를 넣고 끓여서 마무리한다.
5 파슬리가루를 살짝 뿌려낸다.

호밀빵

열량	당질	단백질	지질	나트륨
93kcal	17g	4g	1g	193mg

Ready

호밀빵 35g

그리스풍샐러드

열량	당질	단백질	지질	나트륨
82kcal	5g	0g	7g	9mg

Ready

토마토 30g, 블랙올리브 10g, 그린올리브 10g, 적양파 10g, 오이 15g **허브레몬드레싱** 다진 양파 7g, 오레가노가루 0.5g, 설탕 1g, 레몬 1/4쪽, 올리브유 10g

How to Make

1 깨끗이 씻은 토마토는 웨지로 썰어 준비하고 적양파는 채썬다.
2 오이는 먹기 좋은 크기로 반달 모양으로 썬다.
3 다진 양파, 오레가노가루, 설탕을 섞은 뒤 레몬즙을 짜서 섞고 올리브유를 추가하여 드레싱을 만든다.
4 준비해놓은 재료를 모두 섞어 **3**의 드레싱을 곁들여낸다.

TIP 샐러드용 양파는 찬물에 30분간 담갔다가 사용하면 아린 맛을 없앨 수 있다.

마피클

열량	당질	단백질	지질	나트륨
39kcal	8g	1g	0g	194mg

Ready

마 35g, 월계수잎/ 통후추/ 마른 고추 각 약간 **피클양념** 설탕 3g, 소금 0.5g, 식초 13g, 양파 15g, 통후추 0.1g, 피클링스파이스 1g, 물 적당량

How to Make

1 분량의 재료를 넣어 피클양념을 만든다.
2 마는 껍질을 벗긴 후 먹기 좋은 크기로 썬다.
3 준비한 마와 월계수잎, 통후추, 마른 고추를 그릇에 담고 피클양념을 부어 골고루 뒤적인 후 실온에 6시간 동안 두었다가 냉장보관한다.

TIP 피클양념은 뜨거울 때 부어야 야채가 아삭거린다.

현미밥

열량	당질	단백질	지질	나트륨
105kcal	23g	2g	0g	1mg

Ready

현미밥 2/3공기(140g)

503

일품밥

청국장덮밥정식

식단 영양소 열량 524kcal · 당질 69g · 단백질 26g · 지질 12g · 나트륨 1,080mg

524kcal
소금 2.7g

단백질, 지질, 당질, 섬유질이 풍부하고
포만감이 높아 다이어트에 좋은 청국장에
각종 야채를 넣어 만든 소스를 밥에 얹어 준비하였습니다.

청국장덮밥

열량	당질	단백질	지질	나트륨
326kcal	53g	13g	5g	438mg

Ready

현미밥 2/3공기(140g), 소고기(우둔) 20g, 두부 10g, 양파 10g, 호박 10g, 감자 10g, 식용유 2.5g, 대파 1g, 전분물 5g, 홍고추 3g, 부추 3g **소고기양념** 진간장 1g, 갈은 양파 3g, 설탕 0.5g, 다진 마늘 1g, 후추가루 약간 **청국장덮밥소스** 청국장 10g, 된장 5g, 멸치 2g, 다진 마늘 0.5g

How to Make

1 소고기는 소고기 양념 재료로 충분히 밑간하여 30분 정도 재운다.
2 두부, 양파, 호박, 감자는 사방 1cm로 썰어둔다.
3 부추, 홍고추, 대파는 채썬다.
4 팬에 식용유를 두르고 소고기를 볶는다.
5 소고기가 익기 시작하면 팬에 분량의 청국장덮밥소스를 넣고, 준비해놓은 두부와 야채를 넣어 끓인 후 전분물로 농도를 맞춘다.
6 준비한 밥에 재료를 담은 뒤 덮밥소스를 곁들이고 부추, 홍고추는 고명으로 올려낸다.

루꼴라샐러드

열량	당질	단백질	지질	나트륨
59kcal	0g	3g	3g	172mg

Ready

오징어 20g, 루꼴라 25g, 방울토마토 5g, 그라나 파다노 5g **드레싱** 발사믹식초 10g, 다진 양파5g, 올리브유 1g, 설탕 1g, 소금 0.1g

How to Make

1 오징어는 내장을 제거한 뒤 칼집을 내고 끓는 물에 데친다.
2 루꼴라는 깨끗이 씻어 먹기 좋은 크기로 썰고 방울토마토는 꼭지를 따서 준비한다.
3 드레싱은 분량대로 넣어 만든다.
4 접시에 오징어와 야채를 담고 드레싱을 끼얹은 뒤 그라나 파다노 치즈를 얹어낸다.

TIP 루꼴라는 알싸하고 매운 맛과 향이 특징인 식용 허브로 요리의 풍미를 한층 더해준다.

홍합살무국

열량	당질	단백질	지질	나트륨
49kcal	2g	6g	1g	300mg

Ready

홍합살 10g, 무 30g, 홍고추 1g, 풋고추 1g, 다진 마늘 0.5g, 소금 0.5g, 국간장 1g **멸치국물** 마른 멸치 3g, 건다시마 2g, 무 10g, 대파 5g, 물 적당량

How to Make

1 분량의 재료를 넣어 멸치국물을 만든다.
2 홍합은 씻어서 체에 밭쳐두고 무는 한입 크기로 나박썬다.
3 홍고추, 풋고추는 어슷하게 썬다.
4 준비해둔 멸치국물에 무와 홍합살을 넣고 한소큼 끓으면 마늘과 소금, 국간장을 넣고 간을 맞춘다.
5 4를 그릇에 담고 홍고추와 풋고추를 고명으로 얹어낸다.

TIP 홍합살은 너무 오래 끓이면 질겨지므로 너무 오래 끓이지 않도록 하고 중간중간 거품을 제거해줘야 국물이 탁해지지 않는다.

버섯전

열량	당질	단백질	지질	나트륨
71kcal	10g	3g	3g	170mg

Ready

느타리버섯 30g, 표고버섯 15g, 양파 10g, 홍고추 1g, 풋고추 1g, 부침가루 10g, 식용유 2.5g, 소금 0.2g

How to Make

1 느타리버섯, 표고버섯, 양파를 사방 1cm 크기로 썰어 준비한다.
2 홍고추와 풋고추는 작게 썬다.
3 부침가루에 소금을 넣고 준비한 야채를 넣은 뒤 물을 넣어 반죽한다.
4 달군 팬에 기름을 두르고 **3**을 부쳐낸다.

과일

열량	당질	단백질	지질	나트륨
19kcal	4g	1g	0g	3g

Ready

수박 30g, 참외 30g, 민트잎 약간

허브비빔밥정식

식단 영양소 열량 517kcal · 당질 56g · 단백질 26g · 지질 21g · 나트륨 1,124mg

517kcal
소금 2.8g

허브와 포만감을 줄 수 있는 야채에
새콤달콤한 레몬진간장소스로 입맛을 돋우어 줄 수 있는
허브비빔밥을 준비하였습니다.

허브비빔밥

열량	당질	단백질	지질	나트륨
288kcal	25g	19g	12g	419mg

Ready

콩밥 2/3공기(140g), 소고기 40g, 쑥갓 10g, 식용꽃 10g, 치커리 10g, 비트잎 10g, 상추 10g, 달걀 10g, 식용유 2.5g **소고기양념장** 다진 마늘 2g, 참기름 1g, 진간장 3g, 설탕 1g, 후추 약간 **비빔양념장** 진간장 6g, 레몬즙 2g, 맛술 5g, 배즙 2g, 물 적당량

How to Make

1 생채소를 깨끗한 물에 살살 흔들어 씻어 물기를 뺀 뒤 먹기 좋게 채썬다.
2 소고기는 불고기용으로 준비하여 분량의 양념으로 조물조물 무쳐 잠시 재웠다가 달군 팬에 볶는다.
3 달걀을 곱게 풀어 식용유를 두른 팬에 붓고 지단을 부친 뒤 돌돌 말아 가늘게 채썬다.
4 그릇에 밥을 담고 채소와 소고기, 지단채, 허브를 얹는다.
5 준비한 재료를 고루 섞어 만든 양념장을 곁들인다.

은행마늘꼬치

열량	당질	단백질	지질	나트륨
23kcal	3g	1g	1g	34mg

Ready

은행 5g, 마늘 5g, 식용유 1g, 소금 0.1g

How to Make

1 마늘은 크지 않은 것으로 준비한다.
2 은행은 끓는 물에 넣고 망 국자로 비벼 껍질을 벗긴다.
3 마늘, 은행에 소금과 올리브유로 10분 정도 밑간을 한 뒤 팬에서 살짝 구워낸다.
4 마늘과 은행은 한 개씩 교대로 꼬치에 끼워낸다.

샐러리요거트스무디

열량	당질	단백질	지질	나트륨
93kcal	18g	3g	2g	12mg

Ready

요거트 50g, 키위 13g, 샐러리 20g, 우유 10g, 민트잎 약간

How to Make

1 샐러리는 씻어서 적당한 크기로 자르고 우유와 요구르트를 넣어서 믹서기에 간다.
2 키위는 껍질을 벗기고 적당한 크기로 잘라서 씨가 너무 갈리지 않도록 갈아둔다. 검은씨까지 갈리면 신맛이 강해진다.
3 **1**과 **2**를 잘 섞는다.
4 민트잎을 고명으로 얹어낸다.

TIP 과일과 채소를 주스로 마시면 영양분을 그대로 섭취할 수 있어 효과적이고 소화와 흡수에 좋다.

건새우미역국

열량	당질	단백질	지질	나트륨
27kcal	2g	1g	1g	323mg

Ready

건미역 3g, 건새우 3g, 참기름 1g, 진간장 2g, 마늘 1g, 물 적당량

How to Make

1 마른 미역을 물에 담가 불린 뒤 먹기 좋게 썬다.
2 냄비에 참기름을 넣고 미역을 살짝 볶다가 건새우와 마늘을 넣고 한소끔 끓인다.
3 진간장으로 간을 맞춘다.

TIP 미역은 오래 끓일수록 부드러워진다.

버섯잡채

열량	당질	단백질	지질	나트륨
65kcal	6g	1g	4g	179mg

Ready

표고버섯 15g, 느타리버섯 10g, 청피망 10g, 홍피망 10g, 양파 15g, 당근 5g, 진간장 3g, 다진 마늘 1g, 설탕 1.5g, 참기름 1.5g, 통깨 0.5g, 굴소스 0.5g, 물 적당량

How to Make

1 표고버섯은 채썰고 느타리버섯은 길쭉하고 가늘게 찢어둔다.
2 청피망, 홍피망, 양파, 당근은 가늘게 채썬다.
3 버섯은 살짝 데친 뒤 물기를 빼준다.
4 달군 팬에 올리브유를 두르고 파프리카, 양파, 당근을 넣어 볶다가 데쳐놓은 버섯과 양념을 넣고 한번 더 볶아낸다.

TIP 버섯은 칼로리에 비해 비타민과 무기질이 많고 필수 아미노산이 풍부하여 다이어트 식품으로 많이 이용된다. 버섯의 향은 열에 약하므로 구울 때는 살짝 익히는 것이 좋다.

천사채무침

열량	당질	단백질	지질	나트륨
21kcal	2g	1g	1g	157mg

Ready

천사채 60g, 오이 10g, 당근 5g **양념장** 저염진간장 3g, 레몬즙 9g, 참기름 1g, 통깨 0.7g

How to Make

1 천사채는 체에 담아 흐르는 물에 씻어 물기를 뺀 뒤 먹기 좋게 자른다.
2 오이, 당근은 씻어 곱게 채썬다.
3 분량의 양념장을 넣고 준비해놓은 재료를 버무린다.

TIP 천사채는 다시마를 가공해서 만든 것으로 포만감을 주며 장운동을 촉진시켜 변비와 다이어트에 효과적이다. 냉채, 무침, 잡채 등 다양하게 이용할 수 있다.

산나물비빔밥정식

516kcal
소금 2.4g

식단 영양소 열량 516kcal · 당질 86g · 단백질 18g · 지질 13g · 나트륨 989mg

"몸에 좋은 각종 산나물에 일반 고추장 양념 대신
두부를 넣어 염도를 낮춘 두부된장양념을 사용해
염도는 낮추고 고소한 맛은 더욱 즐길 수 있는
비빔밥을 준비하였습니다."

산나물비빔밥

열량	당질	단백질	지질	나트륨
297kcal	51g	10g	7g	321mg

Ready

흑미밥 2/3공기(140g), 고사리 30g, 시금치 30g, 무나물 20g, 취나물 30g, 참나물 30g, 당근15g, 식용유 2.5g, 들기름 2g, 소금/ 통깨 각 약간 **비빔밥양념** 된장 5g, 판두부 10g, 표고버섯 8g, 양파 5g, 풋고추 2g, 다진 마늘 1g, 참기름 1g

How to Make

1 무는 6cm 길이로 채썰어 소금, 생강즙, 식용유를 넣고 볶는다.
2 불린 고사리는 다진 마늘 1작은술, 국간장, 들기름을 넣고 볶는다.
3 시금치, 취나물, 참나물은 잘 씻어 가닥을 나누어 뜨거운 물에 데친 후, 찬물에 헹궈 다진 마늘, 소금, 통깨를 약간 넣고 무친다.
4 당근은 곱게 채썰어 끓는 물에 소금을 약간 넣고 데친다.
5 분량의 양념을 넣어 비빔밥양념을 만든다.
6 그릇에 밥을 담고 준비된 나물을 돌려 담은 후 양념을 곁들여 낸다.

TIP 두부를 넣어 양념을 만들면 염도는 낮출 수 있고 고소하고 부드러운 맛을 더할 수 있다.

혼합주스

열량	당질	단백질	지질	나트륨
91kcal	22g	2g	0g	22mg

Ready

당근 20g, 양배추 20g, 브로콜리 20g, 토마토 15g, 사과 15g, 바나나 15g, 요구르트 75ml, 미초 5g, 레몬 약간

How to Make

1 당근, 양배추, 브로콜리는 적당한 크기로 썬다.
2 **1**을 냄비에 넣고 찐다.
3 토마토와 사과는 적당한 크기로 썰고 바나나는 껍질을 깐 뒤 적당하게 썰어둔다.
4 블렌더에 **2**와 **3**, 요구르트를 넣은 뒤 함께 갈아준다.
5 마지막에 미초를 넣고 살짝 저어준다.
6 **5**에 레몬과 브로콜리를 고명으로 올린다.

TIP 미초 5g이 8kcal인 것을 고려하여 개인 취향대로 가감하면 좋다.

소고기무맑은장국

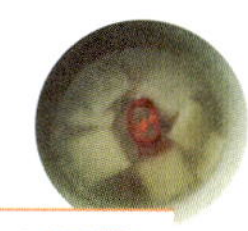

열량	당질	단백질	지질	나트륨
45kcal	2g	4g	2g	290mg

Ready

소고기(양지) 15g, 무 40g, 대파 3g, 진간장 1.5g, 소금 0.5g, 마늘 1g, 참기름 1g, 홍고추 1g, 물 적당량

How to Make

1 무는 두껍게 나박썰어 준비해둔다.
2 냄비에 참기름을 두르고 고기를 볶다가 무를 함께 넣고 볶는다.
3 고기 겉면이 살짝 익으면 물을 넣고 팔팔 끓인다.
4 거품이 생기면 걷어내고 대파와 마늘을 넣는다.
5 진간장을 넣은 뒤 소금으로 간을 맞춘다.
6 그릇에 담은 뒤 홍고추를 고명으로 담아낸다.

TIP 소고기는 핏물을 확실히 빼야 국물이 맑아진다.

월과채

열량	당질	단백질	지질	나트륨
39kcal	8g	1g	0g	108mg

Ready

도라지 15g, 배 20g, 오이 5g, 당근 5g, 소금/ 검정통깨 각 약간 **양념소스** 겨자 0.3g, 소금0.2g, 식초 1.5g, 머스터드 1g, 설탕 2g, 레몬주스 0.3g, 배주스 0.3g

How to Make

1 도라지는 소금으로 문질러 쓴맛을 없앤 후 얇게 저며 5cm 길이로 썬다.
2 배, 오이, 당근은 씻어서 5cm로 납작하게 썬다.
3 분량의 재료를 넣고 만들어진 양념소스를 준비해둔 재료에 섞어서 버무린다.
4 검정통깨를 살짝 뿌려 마무리한다.

삼색전

열량	당질	단백질	지질	나트륨
44kcal	3g	2g	3g	248mg

Ready

쑥 20g, 무 20g, 당근 20g, 식용유 3g, 풋고추 1g, 홍고추 1g, 부침가루 3g, 소금 0.5g

How to Make

1 쑥은 깨끗이 씻어서 물기를 빼고, 무와 당근은 채썰어 준비한다.
2 쑥에 부침가루를 골고루 묻힌다.
3 볼에 부침가루와 물을 넣고 잘 섞어 반죽을 만들어둔다.
4 반죽에 쑥, 무, 당근을 각각 준비한다.
5 달군 팬에 기름을 두르고 **4**를 노릇하게 부쳐 담아낸다.

게살오므라이스정식

504kcal
소금 2.6g

식단 영양소 열량 504kcal · 당질 73g · 단백질 16g · 지질 12g · 나트륨 1,022mg

"
저지방 고단백질 해물이자 칼슘과 인이 풍부한 꽃게를
이용한 지방 함량을 낮춘 오므라이스를 준비하였습니다. "

게살오므라이스

열량	당질	단백질	지질	나트륨
358kcal	58g	9g	8g	480mg

Ready

쌀밥 2/3공기(140g), 달걀 30g, 게살 20g, 호박 20g, 양파 10g, 홍피망 5g, 올리브유 3g, 소금 1g **오므라이스 토핑** 양송이버섯 20g, 파슬리가루 1g **오므라이스 소스** 스테이크소스 10g, 우스터소스 3g, 하이스 3g, 토마토케첩 3g, 버터 1g, 물 적당량

How to Make

1 호박, 양파, 홍피망은 1cm로 깍둑썬다.
2 게살은 잘게 찢어준다.
3 양송이 버섯은 0.3cm 두께로 썰어 팬에 살짝 볶는다.
4 분량의 재료를 섞어 오므라이스 소스를 만들어 준비한다.
5 팬에 올리브유를 두르고 준비된 채소에 소금을 넣고 볶고 채소가 익을 때쯤 게살과 함께 준비된 밥을 넣고 볶아 볶음밥을 만든다.
6 달걀은 노른자와 흰자가 잘 어우러지게 푼 후에 달궈진 팬에 부어 지단을 만든다.
7 지단 위에 만들어 놓은 볶음밥을 올리고 밥을 지단으로 감싸준다.
8 접시에 완성된 오므라이스를 올리고 소스를 부운 후 볶은 양송이와 파슬리가루를 고명으로 얹어낸다.

TIP 지단을 부칠 때 젓가락으로 살짝 저어가면서 부치면 지단이 한결 더 부드럽다.

가츠오장국

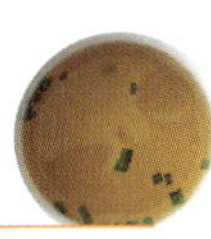

열량	당질	단백질	지질	나트륨
25kcal	1g	3g	0g	246mg

Ready

가다랑어포 5g, 무 10g, 건다시마 2g, 국간장 3g, 대파 3g, 맛술 1g, 물 적당량

How to Make

1 물에 가다랑어포와 무, 다시마, 맛술을 넣고 끓인다.
2 5분 정도 끓인 후에 가다랑어포와 다시마는 건져낸다.
3 무가 익을 때쯤 국간장으로 간을 맞추고 대파를 얹어 제공한다.

TIP 다시마를 너무 오래 끓이면 점액이 나와 국물이 탁해질 수 있으니 5분 후에 건진다.

감자샐러드

열량	당질	단백질	지질	나트륨
72kcal	7g	4g	3g	103mg

Ready

감자 50g, 오이 5g, 양파 3g, 홍피망 3g, 양상추 15g, 옥수수(통조림) 3g, 날치알 5g, 마요네즈 5g, 후추 0.2g

How to Make

1 감자는 삶은 후 으깨어 냉장고에 빠르게 냉각시킨다.
2 오이와 양파, 홍피망은 깨끗이 씻어 곱게 다지고, 양상추는 깨끗이 씻어 찢는다.
3 옥수수(통조림)는 물기를 뺀다.
4 으깬 감자와 오이, 양파, 홍피망, 옥수수(통조림)를 섞고 후추와 마요네즈로 간한다.
5 찢은 양상추 위에 버무린 감자샐러드를 올리고 날치알을 얹어낸다.

TIP 감자는 삶은 뒤 냉각이 제대로 이루어지지 않으면 쉽게 상하기 때문에 으깨서 냉장 또는 냉동에서 확실히 냉각시키는 것이 중요하다.

오이생채

열량	당질	단백질	지질	나트륨
26kcal	2g	0g	1g	187mg

Ready

오이 50g, 실파 3g, 다진 마늘 1g, 소금 1g, 설탕 1g, 고춧가루 2g, 통깨 0.5g, 참기름 1g

How to Make

1 오이는 깨끗이 씻어 길이로 반을 잘라 속을 파낸 후 2cm 길이로 썬다.
2 실파는 0.3cm 길이로 썬다.
3 오이에 소금, 고춧가루, 설탕, 마늘, 참기름을 넣고 버무린 후 통깨를 뿌려 마무리한다.

과일

열량	당질	단백질	지질	나트륨
23kcal	5g	0g	0g	6mg

Ready

참외 50g, 방울토마토 50g

단호박불고기덮밥정식

514kcal
소금 2.4g

식단 영양소 열량 514kcal · 당질 68g · 단백질 22g · 지질 16g · 나트륨 946mg

> 저칼로리 우둔살로 불고기를 만들고
> 단호박을 넣어 포만감을 좋게 하였습니다.
> 곁들이는 메뉴의 재료로 버섯, 파프리카, 포도, 당근,
> 방울토마토 등의 컬러푸드를 이용하여
> 다양한 색감과 식물성 영양소까지 듬뿍 담았습니다.

단호박불고기덮밥

열량	당질	단백질	지질	나트륨
349kcal	56g	14g	7g	362mg

Ready

현미밥 2/3공기(140g), 단호박 60g, 양파 20g, 소고기(우둔) 40g, 된장 5g, 실파 5g, 식용유 3g, 전분물 5g **소고기양념** 다진 마늘 1g, 파 1g, 진간장 3g, 후추 0.5g, 배즙 5g, 설탕 1g

How to Make

1 단호박은 깨끗이 씻어서 사각형으로 먹기 좋게 껍질째 썰고 양파는 채썰어 준비한다.
2 소고기는 소고기 양념에 2시간 동안 재어둔다.
3 단호박은 찜통에 넣어 쪄준다.
4 달궈진 팬에 기름을 두르고 양념된 소고기를 볶다가 찐 단호박을 넣은 뒤 된장을 넣어 간을 맞추고 전분물을 넣은 뒤 약불에서 섞어준다.
5 준비된 밥 옆에 담아내고 송송 썬 실파를 고명으로 얹어낸다.

TIP 단호박을 가장 나중에 넣어 살짝 끓여야 제공 시 부서지지 않는다.

쌈무말이

열량	당질	단백질	지질	나트륨
43kcal	9g	1g	0g	121mg

Ready

쌈무 20g, 당근 3g, 팽이버섯 2g, 파프리카 5g, 오이 5g, 새우살 5g **겨자소스** 겨자가루 0.3g, 소금 0.2g, 식초 1.5g, 머스터드 1g, 설탕 2.5g, 레몬주스 0.2g, 오렌지 0.2g, 물 적당량

How to Make

1 쌈무는 체에 얹어 물기를 제거하고 새우살은 깨끗이 씻어 물기를 빼둔다.
2 파프리카, 오이, 당근은 얇게 채썰고 팽이는 씻어서 손질한다.
3 쌈무에 각각의 야채와 새우를 넣고 돌돌 말아준다.
4 분량의 양념을 넣어 겨자소스를 만든다.
5 **3**에 **4**를 곁들여낸다.

TIP 겨자소스를 만들 때 사과 등의 과일을 갈아 넣으면 더욱 맛있는 소스를 만들 수 있다.

우거지된장국

열량	당질	단백질	지질	나트륨
34kcal	4g	4g	1g	297mg

Ready

우거지 30g, 된장 5g, 다진 마늘 1g, 대파 1g, 홍고추 1g, 청양고추 1g **멸치국물** 마른 멸치 3g, 건다시마 2g, 무 10g, 대파 5g, 물 적당량

How to Make

1 분량의 재료를 넣어 멸치국물을 만든다.
2 우거지는 손질하여 끓는 물에 살짝 데쳐서 찬물에 헹군 다음 물기를 짠다.
3 냄비에 준비한 멸치국물, 우거지, 된장, 마늘을 넣고 중불에서 끓인다.
4 그릇에 국을 담고 어슷썬 파, 홍고추, 청양고추를 얹어낸다.

새송이버섯들깨무침

열량	당질	단백질	지질	나트륨
46kcal	0g	2g	2g	103mg

Ready

새송이버섯 30g, 들깨가루 2.5g, 들기름 1g, 설탕 1g, 소금 0.2g, 타임잎 약간

How to Make

1 새송이버섯은 먹기 좋은 크기로 썬 뒤 끓는 물에 살짝 데쳐 물기를 빼고 준비한다.
2 **1**에 분량의 양념을 넣고 버무린다.
3 **2**를 접시에 담고 타임을 고명으로 얹어낸다.

포도샐러드&우유드레싱

열량	당질	단백질	지질	나트륨
42kcal	2g	0g	6g	59mg

Ready

포도 40g, 방울토마토 5g, 양상추 15g, 치커리 5g **우유드레싱** 우유 5g, 들깨가루 3g, 마요네즈 3g, 레몬즙 1g, 식초 1g, 설탕 0.5g, 소금 0.1g

How to Make

1 포도는 깨끗이 씻고 방울토마토는 꼭지를 따서 반으로 갈라 썰어둔다.
2 야채는 깨끗이 씻어 물기를 제거한 후 적당한 크기로 자른다.
3 분량의 재료를 넣고 우유드레싱을 만든다.
4 야채와 과일을 섞은 뒤 분량의 재료를 넣고 만든 드레싱을 곁들여낸다.

블랙빈해물덮밥정식

식단 영양소 열량 509kcal · 당질 75g · 단백질 21g · 지질 8g · 나트륨 967mg

509kcal
소금 2.4g

주꾸미는 지방 함량이 적어 다른 단백질원에 비해 칼로리가 1/3로 낮아 다이어트에 좋습니다. 또 타우린이 많이 함유되어 있어 콜레스테롤을 낮춰주고 영양까지 풍부한 한 끼 식사를 준비하였습니다.

블랙빈해물덮밥

열량	당질	단백질	지질	나트륨
302kcal	52g	11g	3g	452mg

Ready

흑미밥 2/3공기(140g), 오징어 20g, 주꾸미 10g, 새우살 10g, 홍합살 10g, 양파 20g, 청경채 10g, 홍고추 3g, 식용유 3g, 전분 3g **양념장** 진간장 5g, 설탕 1g, 다진 마늘 1g, 후추 0.2g, 블랙빈소스 10g

How to Make

1 오징어와 주꾸미는 적당한 크기로 썰고, 새우살과 홍합살은 물에 깨끗이 씻어 준비한다.

2 양파는 깨끗이 씻어 채썰고 청경채는 먹기 좋은 크기로 썬다.

3 홍고추는 어슷썬다.

4 분량의 재료를 모두 섞어 양념장을 준비한다.

5 팬에 식용유를 두른 후 오징어, 주꾸미, 새우살, 홍합살, 양파를 함께 넣고 볶는다.

6 **5**에 양념장을 넣고 마지막에 청경채를 넣어 한번 더 볶아준 후 전분물로 농도를 맞춰준다.

7 준비한 밥 위에 해물덮밥소스를 곁들인 뒤 홍고추를 고명으로 올려낸다.

TIP 칼로리가 낮고 아미노산이 풍부한 주꾸미는 산란기인 3월~4월말까지가 가장 맛이 좋다.

치킨또띠아

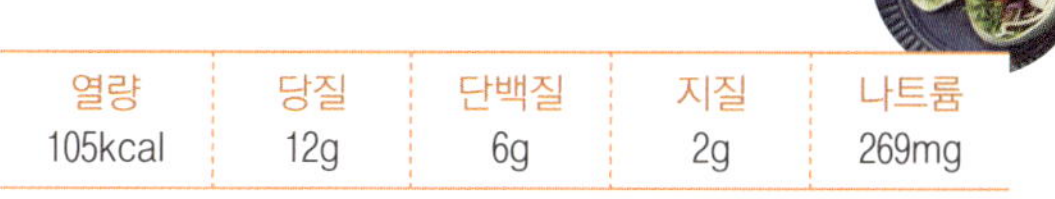

열량	당질	단백질	지질	나트륨
105kcal	12g	6g	2g	269mg

Ready

닭가슴살 20g, 양상추 15g, 치커리 5g, 양배추 5g, 적양배추 5g, 빨강 파프리카 5g, 노랑 파프리카 5g, 또띠아 1/2장(20g) **소스** 칠리소스(시판제품) 3g, 머스터드소스(시판제품) 3g

How to Make

1 닭가슴살은 삶아서 결대로 찢는다.

2 양상추와 치커리는 흐르는 물에 깨끗이 씻어 물기를 제거한 후 적당한 크기로 자른다.

3 양배추, 적양배추, 빨강 파프리카, 노랑 파프리카는 깨끗이 씻어 얇게 채썬다.

4 또띠아를 펼쳐 칠리소스와 머스터드소스를 바르고, 양상추와 치커리를 얹은 후 준비한 닭가슴살과 양배추, 적양배추, 빨강 파프리카, 노랑 파프리카를 넣어 돌돌 만다.

TIP 완성된 또띠아를 랩으로 말아주면 모양도 살리고 먹을 때도 편하다.

채소샐러드

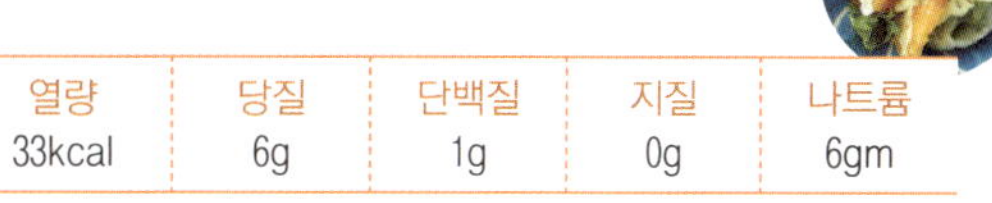

열량	당질	단백질	지질	나트륨
33kcal	6g	1g	0g	6gm

Ready

단호박 30g, 오이 20g, 토마토 30g, 샐러리 10g **망고요거트 드레싱** 망고 10g, 플레인 요구르트 10g

How to Make

1 단호박, 오이, 토마토는 1.5cm 길이로 깍둑썬다.

2 샐러리는 잎은 다 떼고 줄기 부분만 1.5cm 길이로 썬다.

3 망고와 플레인 요구르트를 함께 갈아 망고요거트 드레싱을 준비한다.

4 썰어놓은 단호박은 찜통에 3분 정도 찐다.

5 찐단호박, 오이, 토마토, 샐러리를 그릇에 담고 망고요거트 드레싱을 곁들여낸다.

복분자수박화채

열량	당질	단백질	지질	나트륨
16kcal	4g	1g	0g	3mg

Ready

수박 40g, 복분자액기스 5g, 물 50cc

How to Make

1 수박은 2cm 길이로 깍둑썬다.

2 분량의 물에 복분자를 섞어 색깔을 우린다.

3 손질된 수박을 그릇에 담고 **2**를 부어 제공한다.

달걀실파국

열량	당질	단백질	지질	나트륨
53kcal	1g	3g	3g	269mg

Ready

달걀 30g, 실파 3g, 소금 0.5g, 후추 0.2g **멸치국물** 마른 멸치 3g, 건다시마 1g, 무 10g, 대파 5g, 물 적당량

How to Make

1 분량의 재료를 넣어 멸치국물을 만든다.

2 달걀은 그릇에 풀어준다.

3 실파는 깨끗이 씻어 1cm 길이로 썬다.

4 멸치국물에 풀어놓은 달걀을 넣고 끓여준다..

5 마지막에 소금과 후추를 넣은 후 썰어놓은 실파를 띄워 마무리한다.

TIP 멸치는 내장을 제거하고 살짝 볶은 뒤 찬물에 넣고 끓기 시작하면 건져내야 비리지 않고 깔끔한 맛을 낼 수 있다.

해물자장밥정식

식단 영양소 열량 526kcal · 당질 66g · 단백질 28g · 지질 12g · 나트륨 1,040mg

526kcal
소금 2.6g

"
해물자장소스의 각종 야채와 해물은 기름에 볶지 않고 물에 끓였고 칼로리가 높은 자장은 양을 적게 사용했으며, 바나나로 단맛과 농도를 내 깊은 맛을 더하였습니다. "

해물자장밥

열량	당질	단백질	지질	나트륨
394kcal	50g	19g	12g	568mg

Ready

현미밥 2/3공기(140g), 오징어 20g, 새우 20g, 표고버섯 5g, 호박 10g, 양파 10g, 감자 15g, 당근 5g, 바나나 10g, 춘장 15g, 파슬리가루 약간 **달걀프라이** 달걀 1개, 식용유 5g

How to Make

1 오징어는 사각형으로 썰고, 새우는 씻어서 준비한다.
2 표고버섯은 기둥을 떼어 저미고 채소도 먹기 좋은 크기로 썬다.
3 중식팬에 오징어, 새우, 버섯, 채소를 차례로 물을 넣고 뚜껑을 덮어 약불로 끓인다.
4 채소의 숨이 어느 정도 죽으면 해물과 춘장을 넣고 센불로 끓인다.
5 당근이 익으면 곱게 간 바나나를 넣어 약불로 졸인다.
6 **5**가 걸쭉해지면 밥을 넣고 약불에서 섞는다.
7 담아 놓은 밥에 달걀프라이를 올린 뒤 파슬리가루를 넣어 마무리한다.

TIP 춘장은 전날 한번 볶아 둔 것을 사용하면 맛이 깊어진다.

오징어만두

열량	당질	단백질	지질	나트륨
59kcal	5g	6g	0g	134mg

Ready

오징어 30g, 홍피망 5g, 청피망 5g, 청양고추 1g, 달걀흰자 6g, 녹말가루 5g **양념** 카레가루 5g, 다진 마늘 1g, 소금 0.5g, 후추가루 0.1g

How to Make

1 오징어는 잘게 다진다.
2 홍피망, 청피망은 잘게 다지고, 청양고추는 씨를 제거한 뒤 다진다.
3 준비된 재료와 달걀흰자, 녹말가루 양념을 섞어 치댄다.
4 반죽을 동그랗게 만들어 남은 녹말가루에 굴린 뒤, 녹말가루가 수분을 머금으면 다시 한 번 녹말가루를 묻힌다.
5 끓는 물에 만두를 넣어 표면이 투명해질 때까지 데친 뒤 한번 더 녹말가루를 묻힌다.
6 다시 끓는 물에 넣어 끓이다가 떠오르면 꺼낸다.

TIP 오징어 만두 크기는 3~4cm가 되어야 데칠 때 퍼지지 않고 모양이 제대로 잡힌다.

오이냉국

열량	당질	단백질	지질	나트륨
40kcal	9g	1g	0g	222mg

Ready

오이 30g, 양파 10g, 홍고추 1g, 통깨 0.5g **냉국물** 물 100cc, 식초 20g, 설탕 7g, 진간장 0.7g, 다진 마늘 1g, 소금 0.5g

How to Make

1 오이와 양파는 씻어서 채썬다.
2 홍고추는 어슷하게 썬다.
3 분량의 재료를 섞어 냉국을 만든다.
4 **3**에 오이와 양파를 넣고 그릇에 담은 뒤 홍고추와 통깨를 뿌려낸다.

TIP 오이를 살짝 절여서 사용하면 더욱 맛있다.

부추겉절이

열량	당질	단백질	지질	나트륨
22kcal	0g	1g	0g	112mg

Ready

부추 30g **무침양념** 고춧가루 2g, 다진 마늘 2g, 설탕 0.5g, 소금 0.3g, 통깨 0.5g, 대파 1g, 홍고추 1g

How to Make

1 부추는 깨끗이 씻어 5cm로 썬다.
2 볼에 분량의 무침양념 재료를 넣고 섞은 후 부추에 양념이 잘 배도록 고루 무친다.
3 **2**를 접시에 담고 홍고추를 고명으로 얹는다.

TIP 무침이나 겉절이를 할 때는 고운 고춧가루를 사용해야 색감이 좋다.

과일

열량	당질	단백질	지질	나트륨
11kcal	2g	1g	0g	4mg

Ready

토마토 80g, 민트잎 약간

TIP 토마토는 섬유소 또한 풍부하여 배변활동을 도와주고 칼로리가 낮아 다이어트 시 후식으로 활용하면 좋다.

TABLE 8

하와이안볶음밥정식

523kcal
소금 2.7g

식단 영양소 열량 523kcal • 당질 79g • 단백질 19g • 지질 9g • 나트륨 1,108mg

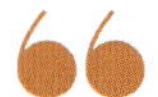

비타민 C와 구연산이 풍부하게 들어 있어 피로회복에 좋고, 섬유질이 많아 변비에도 효과가 좋은 파인애플로 볶음밥을 준비하였습니다.

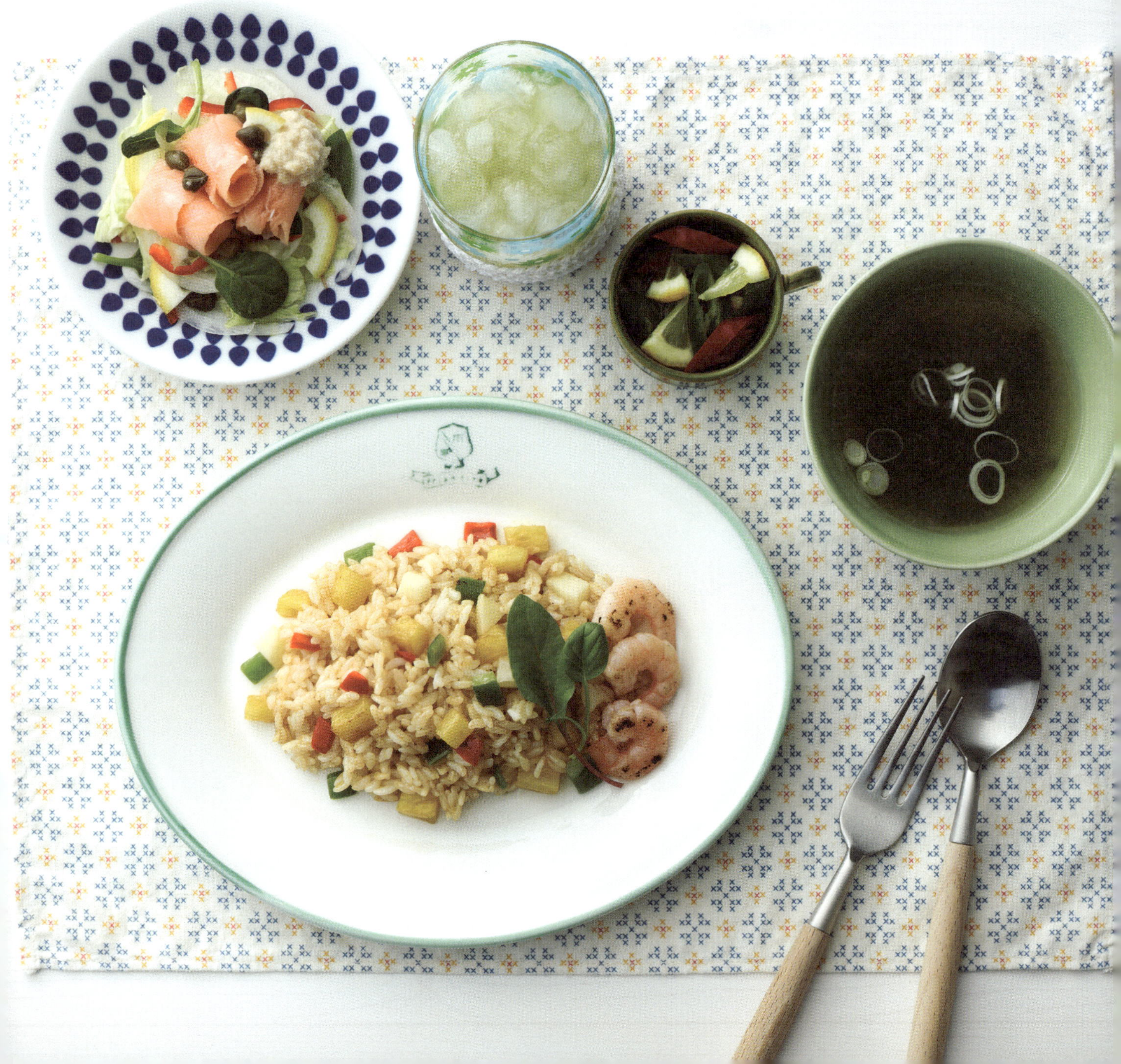

하와이안볶음밥

열량	당질	단백질	지질	나트륨
321kcal	59g	11g	3g	423mg

Ready

쌀밥 2/3공기(140g), 파인애플(통조림) 50g, 새우살 30g, 감자 30g, 양파 20g, 청피망 10g, 홍피망 10g, 굴소스 3g, 소금 1g, 올리브유 3g

How to Make

1 파인애플은 체에 걸러 물기를 빼고 1cm로 깍둑썬 뒤, 팬에 기름 없이 살짝 볶는다.
2 새우살은 깨끗이 씻어 준비하고 감자, 양파, 청피망, 홍피망은 1cm로 깍둑썬다.
3 팬에 올리브유를 두르고 채소를 굴소스와 함께 볶는다.
4 볶은 채소에 준비한 밥과 파인애플, 소금을 넣고 한번 더 볶아 마무리한다.

TIP 파인애플에 수분이 남아 있으면 밥이 질어질 수 있다. 이때 팬에 기름 없이 살짝 볶아 수분을 날려주면 파인애플이 으스러지지 않고 식감도 좋아진다.

연어샐러드

열량	당질	단백질	지질	나트륨
103kcal	1g	6g	6g	241mg

Ready

연어 30g, 양상추 20g, 비타민 10g, 양파 5g, 홍피망 5g, 레몬 5g, 홀스래디시 5g, 케이퍼 3g **드레싱** 올리브유 5g, 발사믹식초 3g

How to Make

1 연어는 얇게 썬다.
2 양상추, 비타민은 흐르는 물에 깨끗이 씻어 물기를 제거한 후 적당한 크기로 자른다.
3 양파와 홍피망은 얇게 채썰고 레몬은 슬라이스 한다.
4 올리브유와 발사믹식초를 섞어 드레싱을 만든다.
5 양상추와 비타민, 양파, 빨강 파프리카를 섞어 그릇에 담은 후 연어를 올리고 홀스래디시와 레몬, 케이퍼를 곁들여 드레싱과 함께 제공한다.

고추피클

열량	당질	단백질	지질	나트륨
27kcal	3g	0g	0g	171g

Ready

아삭이고추 20g, 풋고추 5g, 홍고추 5g, 레몬 3g **피클양념** 식초 10g, 설탕 3g, 소금 0.5g, 피클링스파이스 1g, 물 적당량

How to Make

1 분량의 재료를 섞어 피클양념을 만든다.
2 아삭이고추, 풋고추, 홍고추는 각각 2cm 길이로 썬다.
3 레몬은 얇게 슬라이스 한다.
4 고추와 레몬에 피클양념을 부어 골고루 뒤적인 후 실온에 6시간 두었다가 냉장 보관한다.

TIP 고추를 재울 때 너무 오래 재우면 고추의 색이 변할 수 있으므로 주의한다.

청포도주스

열량	당질	단백질	지질	나트륨
55kcal	14g	1g	0g	2mg

Ready

청포도 100g, 물 50cc, 올리고당 3g

How to Make

1 청포도는 깨끗이 씻어 준비한다.
2 믹서기에 청포도, 물, 올리고당을 함께 넣고 곱게 갈아 준비한다.

미역미소시루

열량	당질	단백질	지질	나트륨
17kcal	2g	1g	0g	271mg

Ready

건미역 2g, 일식된장 3g, 멸치국물 1컵, 다진 마늘 0.5g, 대파 3g **멸치국물** 마른 멸치 3g, 건다시마 1g, 무 10g, 대파 5g, 물 적당량

How to Make

1 분량의 재료를 섞어 멸치국물을 만든다.
2 건미역은 물에 불려 적당한 크기로 썬다.
3 멸치국물에 일식된장을 풀고 미역을 넣어 한소끔 끓이다가 다진 마늘을 넣고 마무리한다.

카레라이스정식

519kcal
소금 2.5g

식단 영양소 열량 519kcal · 당질 76g · 단백질 19g · 지질 10g · 나트륨 1,010mg

> 카레에 함유된 강황은 비만, 당뇨와 같은 성인병 예방과 치료에 도움을 주며
> 혈액순환을 원활하게 도와주고, 소화를 촉진시킵니다. 시중에 나와 있는
> 카레분말과 달리 인델리빈달루카레는 색감이 붉어 식욕을 자극시키는데,
> 이를 이용하여 입과 눈을 만족시킬 수 있는 식단을 준비하였습니다.

카레라이스

열량	당질	단백질	지질	나트륨
327kcal	56g	9g	6g	491mg

Ready

흑미밥 2/3공기(140g), 감자 40g, 브로콜리 20g, 양파 20g, 당근 10g, 돼지고기(등심) 10g, 식용유 3g, 소금 1g, 후추 약간, 인델리 빈달루카레 30g, 물 적당량

How to Make

1 감자, 브로콜리, 양파, 당근은 깍둑썰어 준비한다.
2 돼지고기는 소금과 후추로 밑간하여 재워둔다.
3 팬에 돼지고기를 넣고 볶다가 채소를 넣고 함께 볶는다.
4 볶은 돼지고기와 채소에 물을 붓고 끓이다 감자가 익을 때쯤 카레를 넣고 적당한 농도가 될 때까지 끓인다.
5 준비한 밥 위에 **4**를 부어 제공한다.

닭다리살꼬치구이

열량	당질	단백질	지질	나트륨
110kcal	6g	7g	4g	32mg

Ready

닭다리살 40g, 양파 10g, 홍피망 10g, 청피망 10g **데리야키소스** 진간장 5g, 맛술3 g, 설탕 3g, 레몬즙 1g

How to Make

1 닭다리살은 껍질을 제거하고 칼집을 넣어준 후 3cm로 깍둑썬다.
2 양파, 홍피망, 청피망은 사방 3cm로 깍둑썬다.
3 준비된 재료를 오븐에 굽는다.
4 분량의 재료를 섞어 데리야키소스를 만든다.
5 꼬치에 오븐에 구운 재료를 색깔에 맞춰 끼운 후 데리야키소스를 발라 한번 더 구워준다.

TIP 닭에 칼집을 살짝 넣어 약간의 데리야키소스에 재워두었다가 조리하면 간을 좀 더 잡아준다.

양파초절이

열량	당질	단백질	지질	나트륨
24kcal	5g	0g	0g	170mg

Ready

양파 30g, 레몬 3g, 비트 3g **피클양념** 식초 10g, 설탕 3g, 소금 0.5g, 피클링스파이스 1g, 물 적당량

How to Make

1 분량의 재료를 넣어 피클양념을 만든다.
2 양파는 먹기 좋은 크기로 깍둑썬다.
3 비트와 레몬은 0.2cm 두께로 썬다.
4 양파와 비트, 레몬에 피클양념을 부어 골고루 뒤적인 후 실온에 6시간 두었다가 냉장 보관한다.

오렌지채소샐러드

열량	당질	단백질	지질	나트륨
39kcal	4g	0g	2g	8mg

Ready

오렌지 30g, 양상추 15g, 치커리 10g, 어린잎채소 10g **발사믹드레싱** 올리브유 2.5g, 발사믹식초 0.5g, 바질 0.2g, 레몬주스 0.5g

How to Make

1 오렌지는 껍질을 제거한 후 단면이 보이게 반달 모양으로 썰어 준비한다.
2 양상추와 치커리는 흐르는 물에 깨끗이 씻어 물기를 제거한 후 적당한 크기로 자른다.
3 어린잎채소는 깨끗이 씻어 물기를 뺀다.
4 분량의 재료를 섞어 발사믹드레싱을 만든다.
5 준비한 채소와 오렌지를 그릇에 담고 발사믹드레싱을 곁들여 낸다.

근대된장국

열량	당질	단백질	지질	나트륨
25kcal	3g	2g	0g	311mg

Ready

근대 50g, 된장 5g, 홍고추 3g, 멸치국물 1컵, 다진 마늘 0.5g, 고춧가루 0.5g **멸치국물** 마른 멸치 3g, 건다시마 1g, 무 10g, 대파 5g, 물 적당량

How to Make

1 분량의 재료를 넣어 멸치국물을 준비한다.
2 근대는 다듬어 깨끗이 씻어 체에 밭쳐 물기를 빼고 홍고추는 어슷썬다.
3 멸치국물에 된장을 풀고 근대를 넣고 끓인다.
4 근대가 익을 때쯤 다진 마늘과 고춧가루를 넣고 끓여준다.
5 그릇에 근대된장국을 넣고 홍고추를 고명으로 얹어낸다.

나시고랭정식

식단 영양소 열량 511kcal · 당질 67g · 단백질 17g · 지질 14g · 나트륨 749mg

511kcal
소금 1.8g

❝
고단백 저지방 식품인 닭가슴살로
태국식 볶음밥 나시고랭을 만들었습니다. ❞

나시고랭

열량	당질	단백질	지질	나트륨
365kcal	51g	14g	10g	244mg

Ready

쌀밥 2/3공기(140g), 숙주 60g, 닭가슴살 25g, 달걀 30g, 양파 20g, 청경채 10g, 태국건고추 3g, 식용유 3g **양념장** 스리라차칠리소스 10g, 굴소스 10g, 진간장 5g, 맛술 1g, 후추 0.5g

How to Make

1 닭가슴살은 1cm 두께로 길게 썬 뒤 후추와 맛술을 넣고 재워 둔다.
2 숙주는 깨끗이 씻어 준비하고 양파는 채썬다.
3 청경채는 2cm 길이로 썬다.
4 달걀은 깨서 노른자와 흰자를 잘 섞어준다.
5 분량의 재료를 섞어 양념장을 만든다.
6 팬에 식용유를 넣고 태국건고추를 볶아 고추기름을 만든다.
7 볶은 기름에 달걀을 넣고 볶아준 후 닭가슴살과 양파를 넣고 볶다 밥과 양념장을 넣고 볶는다.
8 볶음밥에 숙주와 청경채를 마지막에 넣어 살짝 볶아낸다.

TIP 밥을 넣고 볶다가 마지막 단계에 숙주와 청경채를 넣고 볶아야 아삭함은 남고 수분이 생기는 것을 막을 수 있다.

월남쌈

열량	당질	단백질	지질	나트륨
53kcal	10g	2g	0g	29mg

Ready

라이스페이퍼 1장, 새우살 30g, 오이 10g, 청피망 5g, 홍피망 5g, 적양배추 10g, 파인애플 10g, 깻잎 1장 **땅콩소스** 땅콩버터 5g, 우유 10cc

How to Make

1 새우살은 끓는 물에 데친 후 식힌다.
2 오이, 청피망, 홍피망, 적양배추는 0.2cm 두께로 채썬다.
3 파인애플은 0.5cm 두께로 채썬다.
4 깻잎은 깨끗이 씻는다.
5 땅콩버터에 우유와 물을 넣고 잘 섞어 땅콩소스를 만든다.
6 미지근한 물에 라이스페이퍼를 깔고 깻잎을 위에 간 뒤 준비한 채소와 새우살, 파인애플을 넣고 돌돌 말아 싸준다.

쌀국수샐러드

열량	당질	단백질	지질	나트륨
56kcal	4g	0g	4g	175mg

Ready

쌀국수 5g, 양배추 10g, 적양배추 10g, 오이 5g, 양파 3g, 치커리 3g, 다진 땅콩 2g, 식용유 3g **피시소스드레싱** 청양고추 1g, 홍고추 1g, 액젓 3g, 설탕 2g, 레몬즙 1g, 식초 2g, 물 적당량

How to Make

1 양배추와 적양배추, 오이, 양파는 곱게 채썬다.
2 치커리는 깨끗이 씻어 1cm 길이로 썬다.
3 청양고추와 홍고추는 곱게 다진다.
4 다진 고추에 액젓과 설탕, 레몬즙, 식초, 물을 섞어 피시소스 드레싱을 만든다.
5 쌀국수를 기름에 튀긴다.
6 준비된 채소를 밑에 깔고 위에 튀긴 쌀국수를 얹은 후 피시소 스드레싱을 곁들인다.

TIP 쌀국수는 튀기면 부피가 많이 늘어나기 때문에 기름에 담가서 튀겨야만 한쪽 면만 튀겨지는 것을 막을 수 있다.

과일

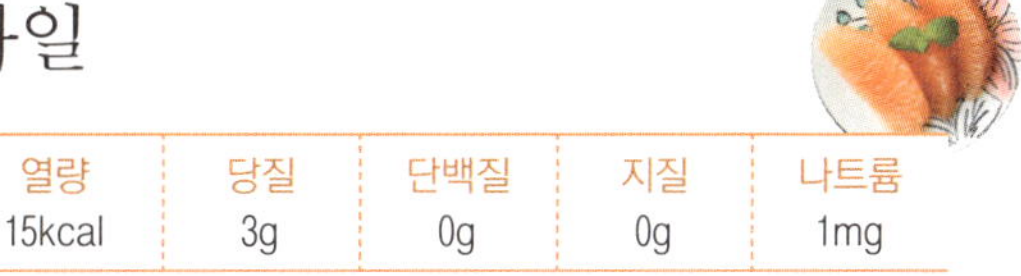

열량	당질	단백질	지질	나트륨
15kcal	3g	0g	0g	1mg

Ready

자몽 50g

팽이미소시루

열량	당질	단백질	지질	나트륨
16kcal	21g	1g	0g	161mg

Ready

팽이버섯 10g, 일식된장 3g, 다진 마늘 0.5g, 대파 3g **멸치국물** 마른 멸치 3g, 건다시마 1g, 무 10g, 대파 5g, 물 적당량

How to Make

1 분량의 재료로 멸치국물을 만든다.
2 멸치국물에 일식된장과 다진 마늘을 넣고 더 끓인다.
3 **2**를 그릇에 담고 팽이버섯과 대파를 얹어 제공한다.

TABLE 11

인삼닭죽정식

519kcal
소금 1.9g

식단 영양소 열량 519kcal · 당질 74g · 단백질 26g · 지질 10g · 나트륨 746mg

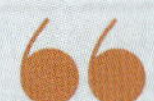

인삼에 함유된 대표적인 영양소인 사포닌은
체내에서 중성지방 분해 및 억제 등의 기능을 하는데,
이러한 인삼과 저지방 닭가슴살을 이용하여
한끼 식사로 손색없는 든든한 죽을 만들었습니다.

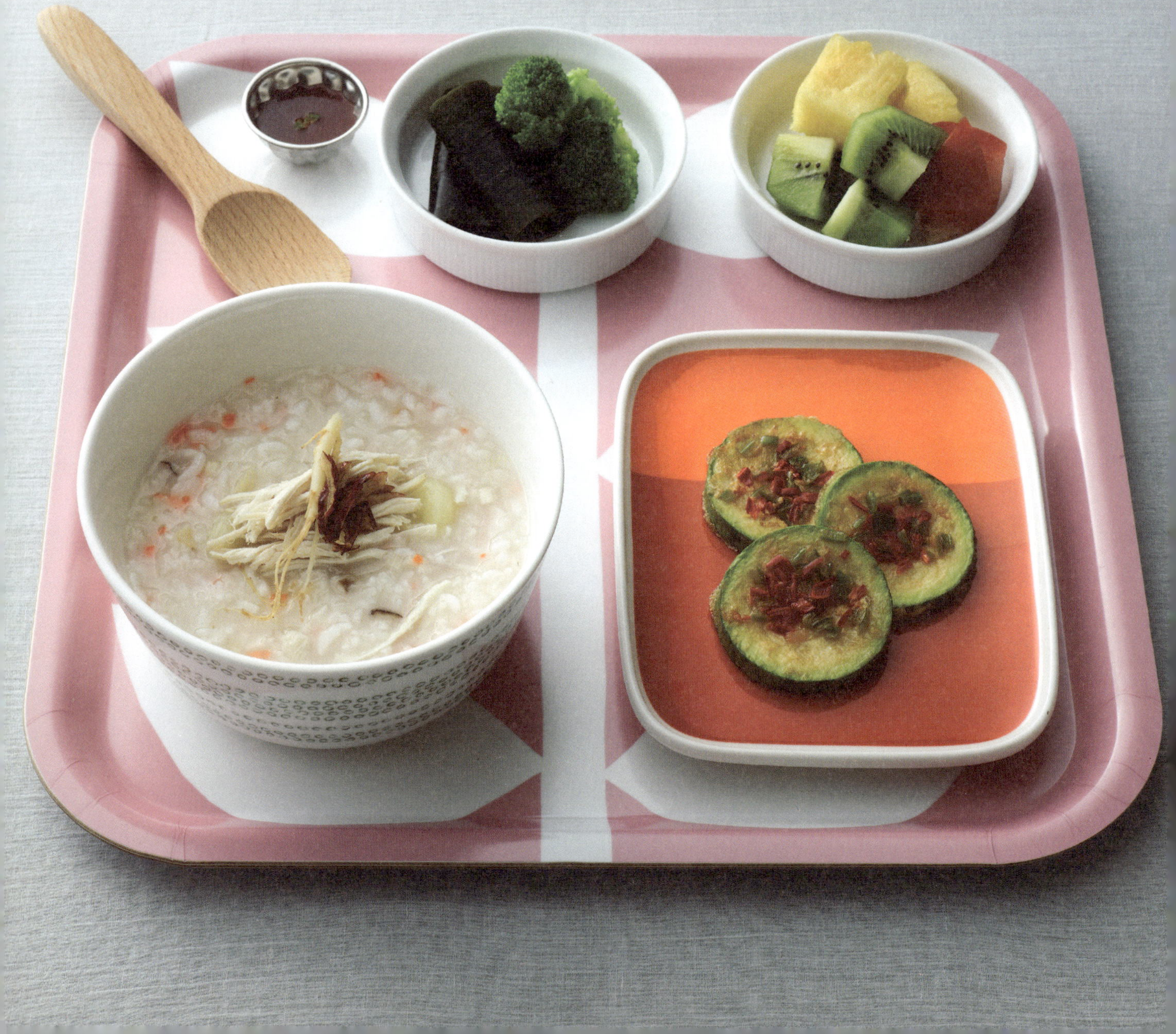

인삼닭죽

열량	당질	단백질	지질	나트륨
358kcal	52g	21g	5g	388mg

Ready

쌀 55g, 찹쌀 5g, 닭고기 50g, 닭가슴살 30g, 표고버섯 10g, 당근 5g, 건대추 5g, 수삼 3g, 대파 3g, 마늘 5g, 소금 1g

How to Make

1 쌀과 찹쌀은 씻어 20분 정도 불린다.
2 표고, 당근, 수삼은 다진다.
3 닭고기과 닭가슴살은 깨끗이 씻어 냄비에 물을 붓고 끓인 후 체에 걸러 닭살은 바르고 물은 국물로 사용한다.
4 냄비에 참기름을 두르고 쌀과 찹쌀을 넣어 볶는다.
5 쌀이 충분히 볶아지면 다진 채소, 건대추, 마늘, 대파를 넣고 볶은 후 닭살과 국물을 넣고 끓인다.
6 나무주걱으로 저어주면서 끓이고, 쌀알이 충분히 퍼지면 소금 으로 간한다.

애호박전

열량	당질	단백질	지질	나트륨
112kcal	12g	4g	5g	194mg

Ready

애호박 50g, 청피망 2g, 홍피망 2g, 달걀 20g, 부침가루 10g, 식용 유 3g

How to Make

1 애호박은 1cm 두께로 동그랗게 썬다.
2 청피망, 홍피망은 곱게 다진다.
3 달걀을 푼 후 **2**를 넣고 젓는다.
4 애호박에 부침가루를 씌운 후 달걀을 묻힌다.
5 팬에 기름을 두른 후 달걀옷을 입힌 애호박을 부친다.

브로콜리&다시마초회

열량	당질	단백질	지질	나트륨
22kcal	4g	1g	0g	161mg

Ready

브로콜리 30g, 쌈다시마 15g **초고추장양념** 고추장 3g, 설탕 1g, 식초 2g, 다진 마늘 0.5g

How to Make

1 브로콜리는 먹기 좋은 크기로 썰어 끓는 물에 데친다.
2 쌈다시마는 물에 10분 정도 담가 소금기를 뺀 후 먹기 좋은 크 기로 썬다.
3 고추장, 설탕, 식초, 다진 마늘을 분량대로 섞어 초고추장을 만든다.
4 **1**, **2**를 접시에 담고 초고추장을 곁들여낸다.

과일

열량	당질	단백질	지질	나트륨
27kcal	6g	0g	0g	3mg

Ready

파인애플 30g, 토마토 30g, 키위 30g

503

일품면

해물쌀국수볶음정식

513kcal
소금 1.6g

식단 영양소 **열량** 513kcal · **당질** 67g · **단백질** 21g · **지질** 11g · **나트륨** 663mg

해물쌀국수볶음

열량	당질	단백질	지질	나트륨
322kcal	48g	14g	5g	453mg

Ready
쌀국수(건) 60g, 오징어 20g, 주꾸미 10g, 새우살 10g, 홍합살 10g, 숙주 60g, 양파 20g, 청경채 10g, 홍피망 5g, 식용유 5g **양념장** 진간장 5g, 굴소스 15g, 고추기름 1g, 설탕 1g, 다진 마늘 0.5g, 후추 0.2g

How to Make
1 쌀국수는 물에 30분 정도 불린다.
2 오징어는 깨끗이 씻어 칼집을 낸 후 채썬다.
3 주꾸미, 새우살, 홍합살은 깨끗이 씻는다.
4 숙주나물도 깨끗이 손질하고, 청경채는 2cm 길이로 썬다.
5 양파와 홍피망은 채썬다.
6 분량의 진간장, 굴소스, 고추기름, 설탕, 다진 마늘, 후추를 섞어 양념장을 만든다.
7 불린 쌀국수는 물기를 뺀 뒤 끓는 물에 10초 정도 데친 다음 찬물에 바로 헹궈 물기를 빼준다.
8 팬에 식용유를 두른 후 오징어, 주꾸미, 홍합살, 새우살을 넣고 볶다가 숙주나물과 양파, 청경채, 홍피망채를 넣고 살짝 볶는다.
9 볶은 재료에 쌀국수와 양념장을 넣고 볶으면 완성이다.

닭살겨자채카나페

열량	당질	단백질	지질	나트륨
95kcal	6g	5g	4g	10mg

Ready
닭가슴살 20g, 양상추 15g, 양파 5g, 청피망 5g, 검정깨 2g **겨자소스** 겨자분 5g, 식초 3g, 설탕 3g, 다진 마늘 1g

How to Make
1 닭가슴살은 끓는 물에 데친 후 잘게 찢는다.
2 양상추는 흐르는 물에 깨끗이 씻어 물기를 제거한 후 적당한 크기로 자른다.
3 청피망과 양파는 곱게 채썬다.
4 분량의 겨자분, 식초, 설탕, 마늘을 섞어 뜨거운 물에 중탕하여 발효시켜 겨자소스를 만든다.
5 양상추를 아래에 깔고 양파, 청피망을 올린 후 닭가슴살을 얹는다.
6 검정깨로 고명을 얹어 겨자소스와 함께 제공한다.

TIP 겨자분은 뜨거운 물에 중탕하여 발효시키면 쓴맛보다 톡 쏘는 맛이 살아난다.

단호박찜

열량	당질	단백질	지질	나트륨
53kcal	7g	1g	1g	2mg

Ready
단호박 70g, 아몬드 슬라이스 3g, 플레인 요구르트 15g

How to Make
1 단호박은 찜통에 찐다.
2 찐 단호박에 플레인 요구르트를 뿌린 후 아몬드 슬라이스를 고명으로 얹어낸다.

과일꼬치

열량	당질	단백질	지질	나트륨
19kcal	4g	0g	0g	5mg

Ready
파인애플 50g, 방울토마토 50g

유부미소시루

열량	당질	단백질	지질	나트륨
24kcal	2g	1g	1g	193g

Ready
유부 3g, 일식된장 3g, 멸치국물 1컵, 다진 마늘 0.5g, 대파 3g **멸치국물** 마른 멸치 3g, 건다시마 1g, 무 10g, 대파 5g, 물 적당량

How to Make
1 분량의 재료를 섞어 멸치국물을 만든다.
2 멸치국물에 일식된장과 다진 마늘을 풀고 끓인다.
3 유부를 넣고 한소끔 끓이다가 대파를 넣고 마무리한다.

비빔곤약국수정식

485kcal
소금 2.3g

식단 영양소 열량 485kcal · 당질 46g · 단백질 22g · 지질 22g · 나트륨 910mg

> 칼로리는 낮고 포만감을 쉽게 느껴 다이어트식에 많이 이용되는
> 곤약을 주재료로 하여 새콤한 비빔국수를 만들었습니다.

비빔곤약국수

열량	당질	단백질	지질	나트륨
221kcal	25g	9g	8g	558mg

Ready

실곤약 200g, 닭가슴살 30g, 달걀 15g, 양배추 10g, 적양배추 10g, 깻잎 5g, 당근 10g, 오이 20g **비빔양념장** 고추장 20g, 고춧가루 1.5g, 물 10cc, 올리고당 5g, 식초 5g, 설탕 3g, 다진 마늘 0.5g, 참기름 1g, 통깨 1g

How to Make

1 실곤약은 끓는 물에 살짝 데친 후 찬물에 씻어 물기를 뺀다.
2 닭가슴살은 끓는 물에 삶아 결대로 찢는다.
3 달걀은 삶아 4등분을 내고 2등분만 사용한다.
4 양배추와 적양배추, 깻잎, 오이, 당근은 곱게 채썬다.
5 분량의 재료를 섞어 비빔양념장을 만든다.
6 그릇에 실곤약을 담고 닭가슴살과 채소를 담은 후 양념장을 곁들여낸다.

해물부추전

열량	당질	단백질	지질	나트륨
132kcal	8g	9g	6g	148mg

Ready

오징어 20g, 홍합살 10g, 새우살 10g, 부추 10g, 홍고추 3g, 달걀 10g, 부침가루 10g, 식용유 5g

How to Make

1 오징어는 깨끗이 씻어 손질한 뒤 채썬다.
2 홍합살과 새우살도 깨끗이 씻는다.
3 부추는 깨끗이 씻어 3cm 길이로 썰고 홍고추는 어슷썬다.
4 준비한 해물과 부추, 홍고추에 부침가루와 달걀을 넣어 반죽을 준비한다.
5 팬에 식용유를 두른 후 반죽을 부쳐낸다.

시저샐러드

열량	당질	단백질	지질	나트륨
92kcal	5g	2g	6g	34mg

Ready

로메인 20g, 식빵 1/4쪽(8g), 방울토마토 10g, 파마산치즈가루 0.5g **시저드레싱** 달걀노른자 10g, 올리브오일 3g, 레몬즙 2g, 엔초비 2알, 다진 마늘 0.5g, 후추 0.2g

How to Make

1 로메인과 방울토마토는 깨끗이 씻는다.
2 식빵은 2cm 길이로 깍둑썬 후 오븐에 굽는다.
3 엔초비는 곱게 다진다.
4 곱게 다진 엔초비에 달걀노른자 반개, 올리브오일, 레몬즙, 다진 마늘, 후추를 넣어 시저드레싱을 만든다.
5 로메인에 식빵과 방울토마토 올려 파마산치즈가루를 뿌린 뒤 시저드레싱과 함께 낸다.

과일

열량	당질	단백질	지질	나트륨
21kcal	5g	0g	0g	3g

Ready

거봉 30g, 청포도 30g

콩나물냉국

열량	당질	단백질	지질	나트륨
10kcal	0g	1g	0g	168mg

Ready

콩나물 30g, 대파 3g, 소금 0.5g, 다진 마늘 1g

How to Make

1 콩나물은 깨끗이 씻는다.
2 끓는 물에 콩나물, 소금, 마늘, 대파를 넣고 끓인다.
3 냉장고에 차갑게 해둔 후 제공한다.

TIP 물이 끓기 전에 콩나물을 넣으면 비릴 수 있으므로 주의한다.

가케우동정식

식단 영양소 **열량** 491kcal · **당질** 86g · **단백질** 23g · **지질** 6g · **나트륨** 1,068mg

491kcal
소금 2.7g

튀긴 어묵보다 칼로리가 낮은 구운 어묵을 이용한
우동과 기름기가 적은 소고기 사태 부위를 다져 만든
주먹밥을 함께 제공한 식단입니다.

가케우동

열량	당질	단백질	지질	나트륨
219kcal	39g	9g	1g	584mg

Ready

우동면 60g, 게맛살 5g, 구운 어묵 10g, 유부 3g, 쑥갓 3g **우동국물** 가다랑어포 3g, 다시마 1g, 건표고 1g, 무 10g, 대파 5g, 진간장 1g, 청주 3cc, 물 적당량

How to Make

1 분량의 재료를 가지고 우동국물을 만든다.
2 구운 어묵은 어슷썰고, 꽃어묵은 슬라이스 한다.
3 유부도 길게 슬라이스 한다.
4 쑥갓은 깨끗이 씻어 줄기는 버리고 잎만 사용한다.
5 우동국물에 면과 손질한 어묵을 넣고 끓인다.
6 접시에 면과 국물을 담고 어묵, 유부와 쑥갓을 고명으로 얹어 제공한다.

구운마늘그린샐러드

열량	당질	단백질	지질	나트륨
86kcal	7g	2g	5g	102mg

Ready

양상추 20g, 비타민 10g, 적근대잎 10g, 영양부추 10g, 방울토마토 10g, 마늘 15g **홀머스터드드레싱** 홀머스터드 3g, 올리브오일 5g, 발사믹식초 2g, 설탕 1g

How to Make

1 양상추, 비타민, 적근대잎은 흐르는 물에 깨끗이 씻어 물기를 제거한 후 적당한 크기로 자른다.
2 영양부추와 방울토마토는 깨끗이 씻어 준비한다.
3 마늘은 꼭지를 자른 뒤 오븐에 구워 준비한다.
4 분량의 재료를 섞어 홀머스터드드레싱을 만든다.
5 준비된 채소를 깔고 영양부추와 방울토마토, 마늘을 얹은 후 홀머스터드드레싱을 곁들여낸다.

TIP 마늘에 함유된 알린 성분은 항균력이 뛰어나 체내 면역력을 증가시키고 콜레스테롤 수치를 낮춘다.

불고기주먹밥

열량	당질	단백질	지질	나트륨
166kcal	29g	10g	0g	198mg

Ready

쌀 25g, 현미 5g, 소고기(사태) 20g, 양파 5g, 청피망 5g, 통깨 1g, 마른 김 10g **불고기양념장** 진간장 1g, 설탕 1g, 다진 마늘 0.5g, 배즙 5g, 후추 0.5g

How to Make

1 분량의 재료로 불고기양념장을 만든다.
2 소고기는 핏물을 뺀 뒤 곱게 다져 양념장에 재워둔다.
3 양파와 청피망은 곱게 다진다.
4 팬에 재워둔 소고기와 채소를 차례로 볶아 소고기소를 만든다.
5 준비된 밥에 깨를 넣고 버무린다.
5 밥 가운데에 고명으로 소고기소를 넣고 동그랗게 주먹밥을 만든다.
7 완성된 주먹밥을 김가루에 버무려 제공한다.

TIP 만든 소고기소는 물기를 살짝 제거해야 밥이 너무 질어지지 않는다.

배추겉절이

열량	당질	단백질	지질	나트륨
15kcal	2g	1g	0g	171mg

Ready

배추 30g, 미나리 5g, 소금 0.5g **양념장** 설탕 0.5g, 고춧가루 2g, 참깨 0.5g, 다진 마늘 1g

How to Make

1 배추는 먹기 좋은 크기로 썰고 소금에 절인다.
2 미나리는 깨끗이 씻어 줄기 부분을 2cm 길이로 썬다.
3 분량의 재료를 섞어 양념장을 만든다.
4 절인 배추의 물기를 뺀 후 미나리와 함께 준비한 양념장에 버무려 제공한다.

과일

열량	당질	단백질	지질	나트륨
38kcal	9g	1g	0g	13mg

Ready

멜론 100g

단호박파스타정식

식단 영양소 열량 480kcal · 당질 60g · 단백질 16g · 지질 17g · 나트륨 775mg

480kcal
소금 1.9g

단호박은 수분 함량이 높고 섬유질이 풍부해서
갈증해소와 변비에 효과적이며, 팩틴이라는 성분이 장운동을 도와
배변활동을 원활하게 도와줍니다. 이러한 단호박을 이용한
스파게티와 다섯 가지 곡물이 들어간 빵을 함께 제공하여
한끼로도 손색없는 식단을 준비하였습니다.

단호박파스타

열량	당질	단백질	지질	나트륨
269kcal	35g	10g	10g	438mg

Ready

스파게티(건) 40g, 칵테일새우 20g, 단호박 30g, 양파 20g, 홍피망
10g, 청피망 10g, 마늘 3g, 올리브유 10g, 소금 1g, 통후추 1g, 파
슬리가루 1g

How to Make

1 칵테일새우는 깨끗이 씻어 물기를 뺀다.

2 양파, 홍피망, 청피망은 채썰고, 마늘은 슬라이스 한다.

3 단호박은 채썬다.

4 스파게티면은 끓는 물에 삶아 물기를 빼준다.

5 팬에 올리브유를 두른 뒤 슬라이스 마늘을 볶은 뒤 새우, 채
  소, 단호박 순서로 볶는다.

6 볶은 재료에 스파게티면, 소금, 통후추를 넣고 함께 볶는다.

7 그릇에 볶아진 스파게티면을 담고 파슬리가루를 고명으로 뿌
  려낸다.

TIP 스파게티면을 삶을 때 너무 오래 익히면 볶다가 불 수 있기 때문에 살짝
덜 익히는 것이 좋다.

채소주스

열량	당질	단백질	지질	나트륨
56kcal	13g	0g	0g	37mg

Ready

사과 30g, 당근 20g, 요구르트 50cc

How to Make

1 사과는 깨끗이 씻어 꼭지와 씨를 제거하고 적당한 크기로 자른다.

2 당근은 깨끗이 씻어 적당한 크기로 자른다.

3 준비된 재료와 요구르트를 넣고 믹서기에 갈아 제공한다.

다섯가지곡물식빵

열량	당질	단백질	지질	나트륨
53kcal	9g	2g	0g	110gm

Ready

다섯가지곡물식빵 20g

빅볼샐러드

열량	당질	단백질	지질	나트륨
102kcal	3g	4g	7g	190mg

Ready

양상추 20g, 적겨자 10g, 비트잎 10g, 치커리 5g, 닭가슴살 20g,
올리브 5g, 양파 5g, 방울토마토 10g **오리엔탈드레싱** 진간장
2.5g, 식초 2.5g, 올리브유 2.5g, 참깨 3g, 맛술 1g

How to Make

1 양상추, 적겨자, 비트잎, 치커리는 흐르는 물에 깨끗이 씻어
  물기를 제거한 후 적당한 크기로 자른다.

2 닭가슴살은 오븐에 구워 채썬다.

3 양파는 깨끗이 씻어 얇게 채썬다.

4 방울토마토는 깨끗이 씻어 두고, 올리브는 물기를 빼둔다.

5 분량의 진간장, 식초, 올리브유, 참깨, 맛술을 섞어 오리엔탈
  드레싱을 만든다.

6 볼에 양상추, 적겨자채, 비트잎, 치커리를 담고 올리브, 방울
  토마토, 구운 닭가슴살을 얹은 후 오리엔탈드레싱을 곁들여
  낸다.

TABLE 5

냉라멘정식

530kcal
소금 2.7g

식단 영양소 **열량 530kcal · 당질 90g · 단백질 22g · 지질 5g · 나트륨 1,076mg**

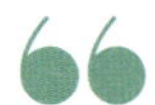

"가다랑어포로 우린 시원한 국물에 칼로리는 낮고 단백질이 풍부한 저지방 식품인 새우를 넣어 개운한 국수요리를 만들었습니다."

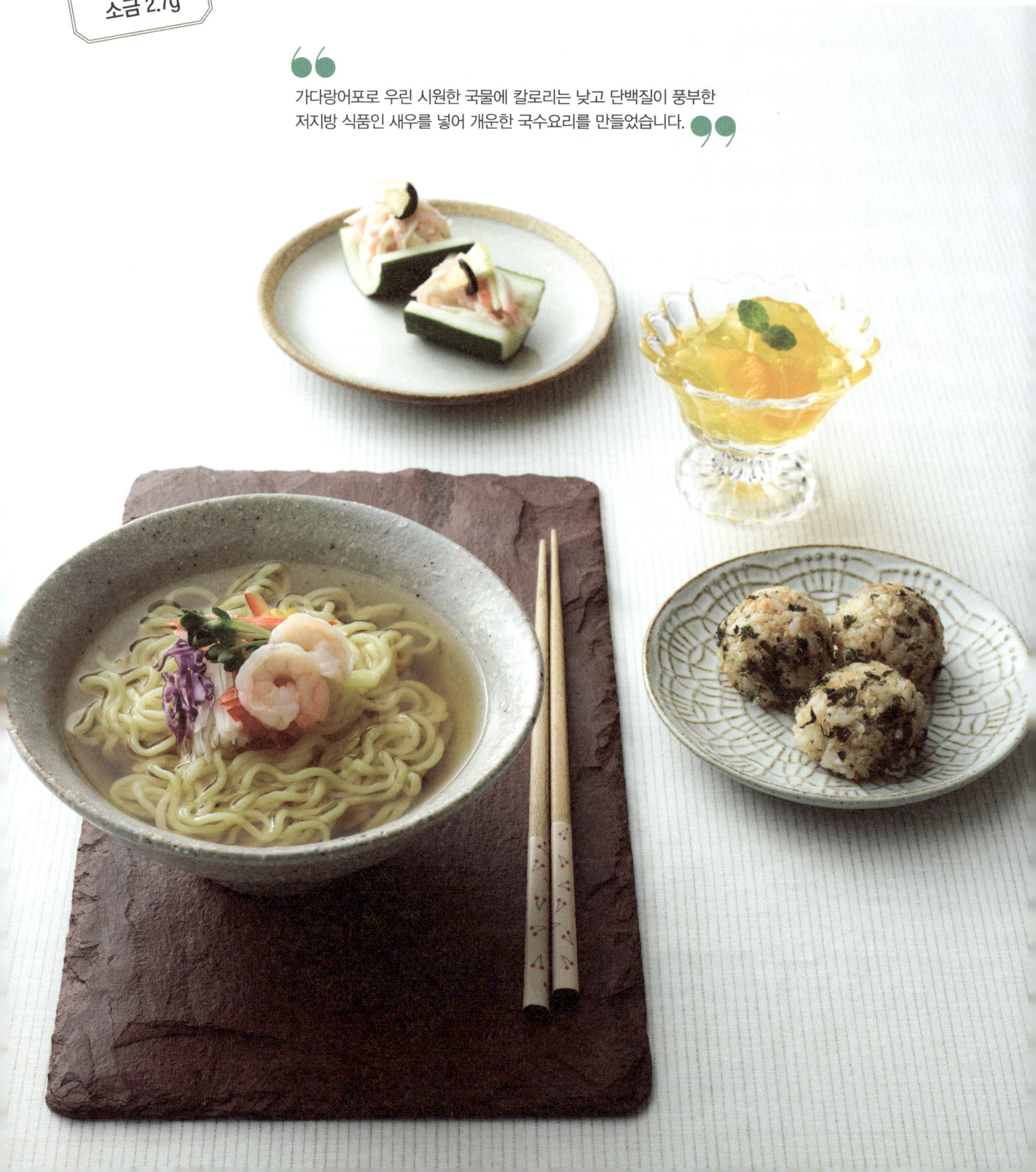

냉라멘

열량	당질	단백질	지질	나트륨
258kcal	42g	17g	1g	583mg

Ready

라멘(생면) 135g, 새우살 10g, 게맛살 10g, 빨강/ 노랑 파프리카 각 10g, 양배추 15g, 적양배추 15g, 무순 10g, 김가루 3g **냉라멘국물** 가다랑어포 10g, 무 10g, 대파 5g, 진간장 5g, 설탕 1g

How to Make

1 분량의 재료를 넣고 냉라멘국물을 만들어 차갑게 식힌다.

2 새우는 깨끗이 씻어 끓는 물에 데치고 게맛살은 0.2cm 길이로 채썬다.

3 빨강 파프리카, 노랑 파프리카, 양배추, 적양배추는 깨끗이 씻어 곱게 채썬다.

4 무순을 깨끗이 씻어 물기를 뺀다.

5 라멘은 끓는 물에 삶아 찬물에 바로 식혀 물기를 뺀다.

5 냉라멘국물에 라멘을 넣고 준비된 채소를 올린 후 김가루를 고명으로 얹어낸다.

TIP 국물을 낼 때 간장은 물이 끓는 순간 넣어야 깔끔한 맛이 난다.

오이샐러드

열량	당질	단백질	지질	나트륨
71kcal	6g	0g	3g	199mg

Ready

오이 50g, 크래미 30g, 양파 5g, 마요네즈 5g, 소금 0.5g, 후추 0.2g, 레몬 1g, 올리브 1g

How to Make

1 오이는 깨끗이 씻은 후 반을 잘라 속을 파낸 후 준비한다.

2 크래미는 잘게 찢어 다져주고 양파도 곱게 다진다.

3 크래미와 양파, 마요네즈, 후추를 섞는다.

4 속을 파낸 오이에 양념된 크래미를 채운 후 올리브와 레몬을 올려 제공한다.

미니후리가케

열량	당질	단백질	지질	나트륨
133kcal	25g	5g	1g	272gm

Ready

쌀 25g, 현미 5g, 건새우 2g, 멸치 2g, 건표고 2g, 통깨 1g, 생김가루 2g, 소금 0.5g

How to Make

1 쌀과 현미는 20분 정도 불려둔 후 밥을 짓는다.

2 건새우와 멸치, 건표고는 믹서기에 곱게 갈은 후 통깨, 생김가루와 함께 섞는다.

3 지어진 밥을 동그랗게 말아 혼합한 양념을 골고루 무쳐 제공한다.

요거트젤리

열량	당질	단백질	지질	나트륨
68kcal	17g	0g	0g	22mg

Ready

쁘티첼밀감(시판제품) 90g

샐러드파스타정식

522kcal
소금 3g

식단 영양소 **열량 522kcal** · 당질 82g · 단백질 15g · 지질 9g · 나트륨 1,190mg

> 스파게티면을 기름에 따로 볶지 않아 칼로리를 낮췄고,
> 다양한 야채와 매콤새콤한 소스를 함께 곁들여
> 포만감을 준 식단입니다.

샐러드파스타

열량	당질	단백질	지질	나트륨
209kcal	34g	6g	5g	230mg

양상추 15g, 적근대잎 10g, 어린잎채소 5g, 치커리 5g, 양파 5g, 빨강 파프리카 5g, 토마토 15g, 옥수수(통조림) 10g, 베이컨 10g, 스파게티면(건) 40g, 파마산치즈가루 3g **드레싱** 진간장 5g, 식용유 2.5g, 참깨 3g, 맛술 1g, 칠리소스 5g, 발사믹식초 5g, 후추 0.5g

1 양상추, 적근대잎, 치커리는 흐르는 물에 깨끗이 씻어 물기를 제거한 후 적당한 크기로 자른다.
2 어린잎채소는 깨끗이 씻어 물기를 제거한다.
3 양파와 파프리카는 깨끗이 씻어 얇게 채썬다.
4 토마토는 꼭지를 따고 4등분한다.
5 베이컨은 팬에 구워 기름기를 제거한다.
6 옥수수(통조림)는 물기를 제거한다.
7 분량의 재료를 섞어 드레싱을 만든다.
8 스파게티면은 끓는 물에 삶은 뒤 찬물에 헹궈 차갑게 식힌다.
9 차갑게 식힌 스파게티면에 드레싱의 1/2을 넣고 버무린다.
10 그릇에 양념된 스파게티면을 담고 준비된 채소와 베이컨, 옥수수(통조림), 토마토를 올린 후 남은 드레싱을 뿌리고 파마산치즈가루를 얹어낸다.

오이마늘종피클

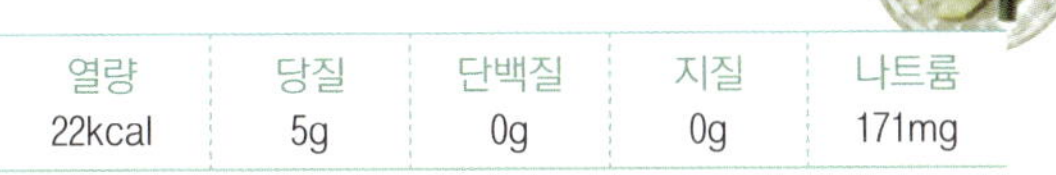

열량	당질	단백질	지질	나트륨
22kcal	5g	0g	0g	171mg

오이 40g, 마늘종 1g **피클양념** 식초 10g, 설탕 3g, 소금 0.5g, 피클링스파이스 1g, 물 적당량

1 분량의 재료를 섞어 피클양념을 만든다.
2 오이는 2cm 두께로, 마늘종은 2cm 길이로 썬다.
3 오이와 마늘종에 피클양념을 부어 골고루 뒤적인 후 실온에 6시간 정도 두었다가 냉장 보관한다.

TIP 마늘종은 살짝 데쳐서 재우면 초록색 색감을 잘 살리고 식감 또한 더 좋아진다.

당근크림수프

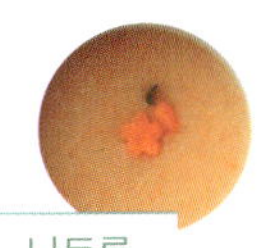

열량	당질	단백질	지질	나트륨
84kcal	11g	2g	2g	291gm

당근 20g, 양파 10g, 대파 15g, 치킨브로스 1/3컵, 저지방우유 30cc, 생크림 10cc, 버터1g, 소금 0.1g, 후추 0.1g

1 당근은 편으로 잘게 썰고, 양파와 대파는 채썬다.
2 냄비에 버터를 두르고 양파, 대파를 수분을 날리면서 볶는다.
3 **2**에 치킨브로스를 넣고 끓으면 약불에서 15분 정도 끓인 다음 불을 끄고 식힌다.
4 **3**을 믹서기로 곱게 갈아서 냄비에 다시 붓고 우유, 생크림, 소금, 후추를 넣고 끓여서 마무리한다.

호밀마늘빵

열량	당질	단백질	지질	나트륨
106kcal	18g	4g	0g	202mg

호밀빵 35g, 버터 1g, 설탕 1g, 다진 마늘 1g, 파슬리가루 0.5g

1 버터를 중탕으로 녹인 후 설탕과 맛소금, 다진 마늘, 파슬리가루를 섞어 소스를 만든다.
2 호밀빵에 소스를 바른 후 오븐에 구워준다.

모듬콩컵샐러드

열량	당질	단백질	지질	나트륨
97kcal	14g	3g	2g	141mg

강낭콩 10g, 완두콩 10g, 옥수수콘 10g, 게맛살 5g, 홍피망 5g, 양상추 10g, 치커리 5g, 마요네즈 5g, 설탕 1g, 만두피 10g(2장)

1 양상추와 치커리는 흐르는 물에 깨끗이 씻어 물기를 제거한 후 적당한 크기로 자른다.
2 강낭콩과 완두콩은 깨끗이 씻어 물에 삶아 물기를 빼둔다.
3 게맛살과 홍피망은 곱게 다진다.
4 삶은 콩과 맛살, 홍피망을 마요네즈와 설탕을 넣고 섞는다.
5 만두피는 컵 모양을 만들어 오븐에 굽는다.
6 구운 만두피에 채소를 깔고 섞은 **4**를 올려준다.

밖에서도 걱정 없는

503 도시락

TABLE 1

단호박샌드위치

490kcal
소금 1.9g

식단 영양소 열량 490kcal · 당질 51.1g · 단백질 23.6g · 지질 22.4g · 나트륨 784mg

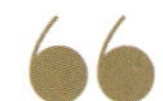

"칼로리가 낮고 섬유소가 풍부한 호밀빵에 단호박과 불포화 지방산이 풍부한 호두, 아몬드와 건강한 올리고당으로 단맛을 낸 건강식 샌드위치입니다. 타우린이 풍부한 새우를 가미한 샐러드도 곁들였습니다."

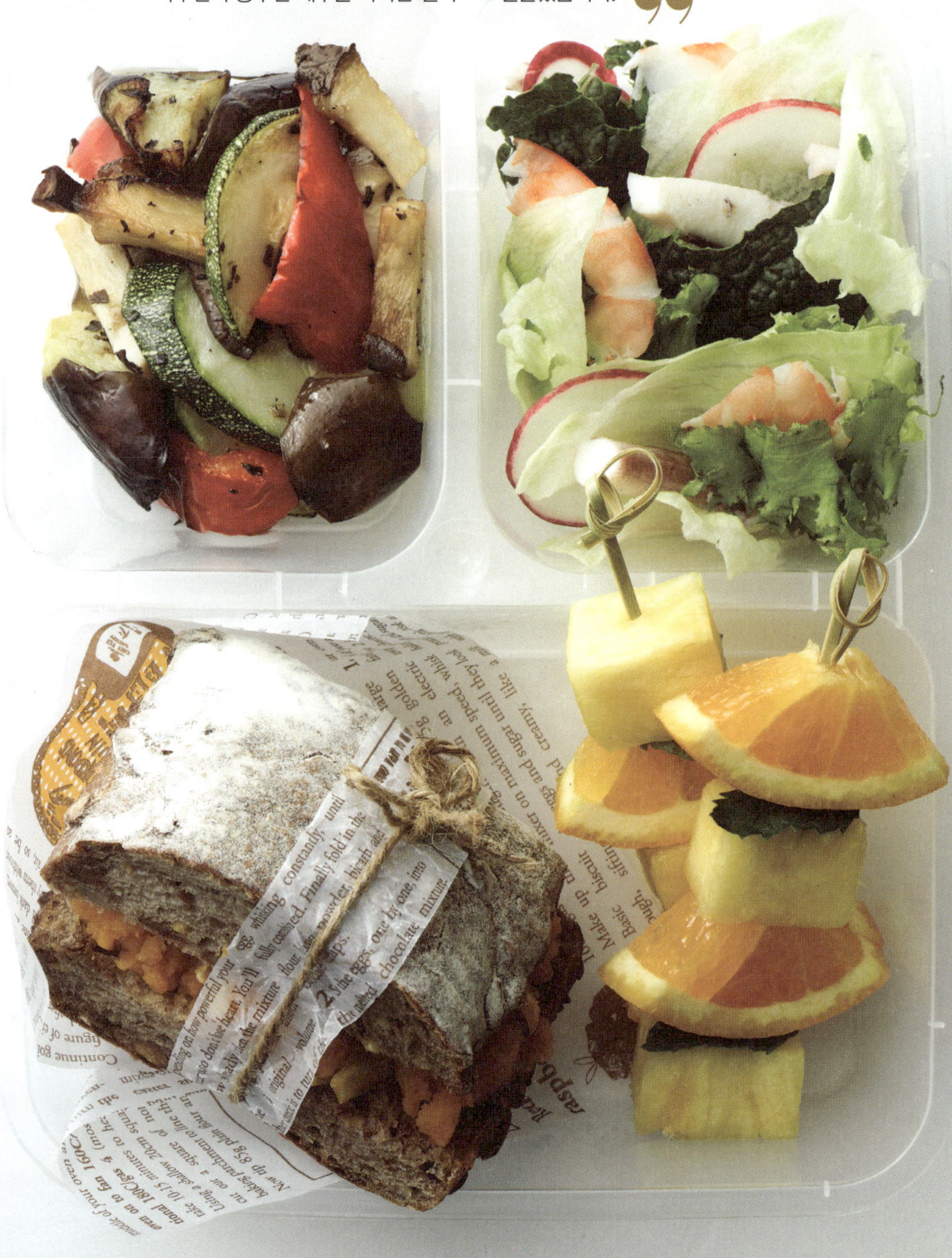

단호박샌드위치

열량	당질	단백질	지질	나트륨
306kcal	35g	12g	13g	433mg

Ready

단호박 60g, 호밀빵 60g, 호두 10g, 아몬드 10g, 올리고당 2g, 소금 0.3g

How to Make

1 단호박은 깨끗이 씻은 뒤 속을 파내고 100℃ 스팀오븐에 35분간 삶은 후 식혀서 으깬다.
2 으깬 단호박에 호두, 아몬드, 올리고당, 소금을 넣어 준비한다.
3 호밀빵에 준비된 단호박속을 넣는다.

구운채소

열량	당질	단백질	지질	나트륨
38kcal	6g	1.8g	1.2g	70mg

Ready

주키니호박 40g, 가지 40g, 새송이버섯 30g, 올리브오일 1g, 올리고당 1g, 바질 1g, 소금 0.2g

How to Make

1 주키니호박, 가지, 새송이버섯 등을 깨끗이 손질한 후 한입 크기로 썬다.
2 손질된 채소에 올리브오일을 발라 200℃ 오븐에서 7분간 굽는다.
3 구운 채소에 소금과 올리고당을 넣은 후 바질을 살짝 뿌린다.

해물샐러드

열량	당질	단백질	지질	나트륨
114kcal	2g	10g	7.3g	275mg

Ready

새우(블랙타이거) 30g, 오징어 20g, 양상추 20g, 래디시 5g, 치커리 5g **드레싱** 올리브오일 7g, 식초 5g, 설탕 1g, 소금 0.5g

How to Make

1 새우, 오징어의 내장을 제거하여 깨끗이 손질한 후 오징어는 한입 크기로 썬다.
2 준비된 해물을 끓는 물에 살짝 데친 후 물기를 제거하여 준비한다.
3 양상추, 치커리는 깨끗이 세척한 후 한입 크기로 찢어 준비한다.
4 래디시의 껍질을 벗긴 후 썬다.
5 준비된 해물과 채소를 섞는다.
6 분량의 드레싱으로 버무려 완성한다.

과일

열량	당질	단백질	지질	나트륨
32kcal	8g	0.6g	0.15g	5mg

Ready

오렌지 50g, 파인애플 50g

잉글리시머핀

518kcal
소금 1.8g

식단 영양소 열량 518kcal · 당질 65.6g · 단백질 25.6g · 지질 16.8g · 나트륨 726mg

> 치즈는 우유 속에 들어 있는 카세인을 뽑아
> 응고 · 발효시킨 식품으로 단백질, 지방, 비타민이 풍부한
> 건강 음식입니다. 또한 DHA가 풍부한 참치는
> 라이트를 이용하면 칼로리를 낮출 수 있습니다.

잉글리시머핀

열량	당질	단백질	지질	나트륨
355kcal	34.7g	17.6g	15.8g	460mg

Ready

잉글리시머핀 70g, 치즈 15g, 달걀 55g, 홀그레인머스터드 3g, 대두유 2g

How to Make

1 잉글리시머핀은 반을 갈라 준비한다.

2 달걀프라이를 만든다.

3 반을 가른 잉글리시머핀에 홀그레인머스터드를 바른다.

4 빵 위에 치즈와 달걀프라이를 얹은 다음 170℃ 오븐에서 8분간 구워낸다.

고구마범벅

열량	당질	단백질	지질	나트륨
62kcal	14.8g	0.8g	0.1g	11mg

Ready

고구마 50g, 스위트콘 5g, 건포도 3g, 오이 5g, 당근 3g

How to Make

1 고구마는 100℃ 오븐에서 50분간 쪄낸다.

2 구운 고구마를 식혀서 스위트콘과 건포도, 오이, 당근을 넣고 섞어 완성한다.

참치샐러드

열량	당질	단백질	지질	나트륨
54.6kcal	3.6g	25.6g	16.8g	726mg

Ready

참치 20g, 어린잎채소 10g, 라디치오 5g, 양상추 15g, 적겨자 10g
드레싱 파인애플 20g, 양파 10g, 올리고당 2g, 소금 0.2g, 홀그레인머스터드 2g

How to Make

1 참치는 기름을 빼서 준비한다.

2 어린잎채소, 라디치오, 양상추, 적겨자는 깨끗한 물에 씻어 먹기 좋은 크기로 손으로 찢어 준비한다.

3 분량의 재료를 넣어 드레싱을 만든다.

4 샐러드 야채와 참치를 함께 곁들여낸다.

포도주스

열량	당질	단백질	지질	나트륨
47kcal	12.4g	0.3g	0.2g	2mg

Ready

청포도 100g, 탄산수 100ml

How to Make

1 청포도는 깨끗이 씻어 갈아준다.

2 준비한 컵에 얼음을 담고 청포도와 탄산수를 섞어 완성한다.

닭가슴살고추장구이

472kcal
소금 2.2g

식단 영양소 열량 472kcal · 당질 50.2g · 단백질 34g · 지질 13.2g · 나트륨 860mg

식이섬유가 풍부하고 변비 예방과 다이어트에 좋은
현미쌀로 만든 유부초밥과 닭가슴살에 고추장 양념을 발라
구운 요리를 함께 곁들여 즐거운 점심을 준비하였습니다.

닭가슴살고추장구이

열량	당질	단백질	지질	나트륨
211kcal	4.7g	25.4g	7.97g	313mg

Ready

닭가슴살 80g, 어린잎채소 10g **고추장양념** 고추장 10g, 올리고당 5g, 올리브오일 5g

How to Make

1 닭가슴살을 씻어 준비한다.
2 분량의 고추장과 올리고당, 올리브오일을 섞어 양념장을 만든다.
3 준비된 닭가슴살에 고추장양념을 발라 168℃ 오븐에서 20분 간 굽는다.
4 구워진 닭가슴살을 먹기 좋은 크기로 썬다.
5 어린잎채소를 곁들여 완성한다.

현미유부초밥

열량	당질	단백질	지질	나트륨
15.8kcal	29.7g	2.8g	0.5g	338mg

Ready

유부(시판용) 30g, 현미 10g, 흑미 5g, 보리 10g, 쌀 10g **초대리양념** 식초 3g, 설탕 3g, 소금 1g

How to Make

1 유부는 물기를 짜서 준비한다.
2 현미, 흑미, 쌀, 보리를 분량대로 씻어서 20분간 불렸다가 밥을 짓는다.
3 분량의 식초와 설탕, 소금을 넣어 초대리양념을 만든다.
4 밥이 완성되면 분량의 초대리양념을 넣고 섞어 준비한다.
5 유부에 완성된 밥을 넣어 유부초밥을 완성한다.

두부샐러드

열량	당질	단백질	지질	나트륨
76.9kcal	3.6g	5.1g	4.5g	205mg

Ready

두부 50g, 영양부추 5g, 양상추 20g, 래디시 5g, 올리브유 2g **드레싱** 물 15g, 간장 3g, 매실소스 3g, 올리브오일 2g, 레몬 3g, 깨 1g

How to Make

1 두부는 물기를 빼고 썰어 올리브유를 넣고 팬에 노릇해질 때까지 굽는다.
2 영양부추는 깨끗한 물에 씻어 3cm 간격으로 썰어 준비한다.
3 양상추는 깨끗한 물에 씻어 먹기 좋은 크기로 썰어 준비한다.
4 래디시는 깨끗한 물에 씻어 모양대로 얇게 썬다.
5 접시에 준비한 채소를 담고 두부를 얹어 완성한다.
6 볼에 분량의 드레싱을 담아 골고루 섞어 준비한다.
7 **5**에 **6**을 끼얹어 완성한다.

과일

열량	당질	단백질	지질	나트륨
47.7kcal	12.1g	0.7g	0.2g	2.1mg

Ready

자몽 30g, 키위 20g, 바나나 30g

닭살지라시스시

509kcal
소금 3.1g

식단 영양소 열량 509kcal · **당질** 50g · **단백질** 28.3g · **지질** 19.1g · **나트륨** 1,232mg

❝
현미밥에 맛살, 지단과 함께
지방 함량이 적은 껍질을 벗긴 닭다리살을 곁들여
시각적 즐거움은 물론 새콤달콤한
일본식 스시의 맛을 느낄 수 있는
도시락입니다. ❞

닭살지라시스시

열량	당질	단백질	지질	나트륨
339kcal	36.7g	19.5g	10.43g	948mg

Ready

닭다리살 50g, 게맛살 10g, 달걀지단 10g, 불고기양념 15g, 현미 25g, 쌀 15g, 우엉 10g, 식초 1g, 설탕 1g, 소금 1g **불고기양념** 저염간장 15g, 올리고당 5g, 다진 마늘 1g, 참기름 0.5g

How to Make

1 닭다리살은 껍질을 제거하고 손질하여 불고기양념장을 발라 오븐에 굽는다.
2 구워진 닭다리살은 식혀서 잘게 찢어서 준비한다.
3 게맛살과 지단은 곱게 채썰어 고명으로 준비한다.
4 분량의 쌀과 현미를 섞어 20분 정도 불렸다가 고슬고슬하게 밥을 짓는다.
5 우엉을 손질한 뒤 잘게 다진 후 불고기양념장에 졸인다.
6 밥에 졸인 우엉을 넣고 식초와 설탕, 소금간을 해 잘 섞어준다.
7 구워진 닭다리살 위에 준비된 고명을 올려낸다.

포테이토그린빈

열량	당질	단백질	지질	나트륨
108kcal	10.9g	5.7g	4.2g	144mg

Ready

감자 30g, 방울토마토 60g, 달걀 30g(1/2개), 그린빈 15g, 케이퍼 5g, 올리브오일 1g, 소금 0.3g

How to Make

1 감자껍질을 벗긴 후 깨끗이 씻어 한입 크기로 썬다.
2 방울토마토는 깨끗한 물에 씻어 준비한다.
3 달걀은 삶은 후 반으로 썬다.
4 그린빈을 손질한 후 한입 크기로 썬다.
5 손질된 감자는 165℃ 오븐에서 30분간 굽는다.
6 그린빈에 올리브오일을 발라 180℃ 오븐에서 8분간 굽는다.
7 구운 감자, 삶은 달걀, 그린빈, 케이퍼, 올리브오일, 소금을 넣어 버무리면서 간을 맞춘다.

로메인샐러드

열량	당질	단백질	지질	나트륨
61.7kcal	2.4g	3.0g	4.4g	140mg

Ready

로메인 10g, 양파 5g, 노랑/ 주황 파프리카 각 5g, 베이컨 10g, 파마산치즈가루 5g, 식초 3g, 올리브오일 2g, 설탕 1g, 소금 0.1g

How to Make

1 로메인, 양파, 파프리카 등을 깨끗이 씻은 후 한입 크기로 썬다.
2 베이컨을 오븐에 구워 한입 크기로 썬다.
3 준비된 채소와 베이컨을 섞고 식초, 올리브오일, 설탕, 소금, 파마산치즈가루를 넣어 섞어 완성한다.

불고기브리또

식단 영양소 열량 510kcal · 당질 36.3g · 단백질 25.6g · 지질 28g · 나트륨 1,294mg

510kcal
소금 3.2g

저염간장을 활용한 불고기양념장으로 간한
불고기와 버섯, 양파로 만든 브리또는 맛과 건강을
모두 챙긴 맛있는 도시락입니다.

불고기브리또

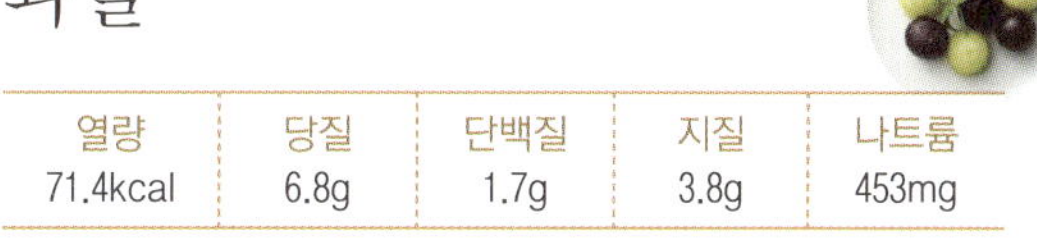

열량	당질	단백질	지질	나트륨
247kcal	21.8g	14.1g	10.4g	702mg

Ready

소불고기 60g, 치즈 10g, 또띠아 30g, 양파 30g, 느타리 20g, 불고기양념 15g **불고기양념** 저염간장 10g, 올리고당 3g, 다진 마늘 1g, 참기름 0.5g

How to Make

1 분량의 소고기에 불고기양념장을 넣어 30분간 재워둔다.
2 양파는 슬라이스 하고 느타리는 찢어 준비한다.
3 게맛살과 지단은 곱게 채썰어 고명으로 준비한다.
4 준비된 또띠아에 불고기 그리고 양파, 느타리 볶은 것을 얹은 다음 치즈를 얹어 말아준다.

토마토샐러드

열량	당질	단백질	지질	나트륨
22.6kcal	5.7g	0.52g	0.52g	4.9mg

Ready

토마토 120g, 양상추 20g, 비타민 10g, 적로즈 5g, 블랙올리브 5g
드레싱 키위 15g, 양파 3g, 올리브오일 3g, 올리고당 3g, 식초 2g, 소금 1g

How to Make

1 토마토는 씻어 썰어 준비한다.
2 양상추, 적로즈, 비타민은 깨끗한 물에 씻어 먹기 좋은 크기로 찢어 준비한다.
3 블랙올리브는 작게 썰어 준비한다.
4 키위는 썰어 갈고, 분량의 드레싱 재료와 잘 섞어 준비한다.
5 준비된 야채에 토마토를 얹어 드레싱과 함께 낸다.

달걀범벅

열량	당질	단백질	지질	나트륨
168.8kcal	1.91g	9.31g	13.78g	133mg

Ready

달걀 60g, 브로콜리 30g, 마요네즈 10g

How to Make

1 달걀은 삶아서 껍질을 깐 후 식혀 으깬다.
2 브로콜리는 살짝 데쳐서 썰어둔다.
3 준비된 달걀에 브로콜리, 마요네즈를 넣고 섞어 완성한다.

과일

열량	당질	단백질	지질	나트륨
71.4kcal	6.8g	1.7g	3.8g	453mg

Ready

멜론 30g, 거봉 20g

진행 담당 및 협찬사

진행총괄 서희정(CJ프레시웨이 메뉴R&D 과장)

식단계획 박찬선(CJ프레시웨이 CJ오쇼핑점 영양사)

김민정(CJ프레시웨이 그린테리아점 영양사)

류정희(CJ프레시웨이 보라매병원점 영양사)

정태정(CJ프레시웨이 KB국민카드본사점 영양사)

요리 김연수(CJ프레시웨이 CJ오쇼핑점 조리사)

최근수(CJ프레시웨이 그린테리아점 조리사)

공건아(CJ프레시웨이 보라매병원점 조리사)

이용욱(CJ프레시웨이 KB국민카드본사점 조리사)

푸드스타일링 김혜경, 임윤수, 윤미현, 송윤선, 이은진(CJ프레시웨이 메뉴R&D)

어시스트 강수지, 양수정

협찬사 Loza'B(031.901.3970/www.lozab.co.kr)

비블랭크(02.6407.9075)

The kitchen(031.909.1118)

컨츄리앤하우스(010.6246.3657)

커먼키친(070.4212.7650)

저칼로리 저염 레시피

체중 DOWN 건강 UP

초판 1쇄 발행 2014년 1월 16일

초판 3쇄 발행 2014년 8월 1일

지은이 CJ프레시웨이

펴낸이 김영조

외부스태프 디자인 design group ALL

촬영 이과용

펴낸곳 싸이프레스

주소 서울시 마포구 어울마당로3길 5(합정동, 영광빌딩 201호)

전화 02-335-0385

팩스 02-335-0397

이메일 cypressbook@naver.com

홈페이지 www.cypressbook.co.kr

블로그 blog.naver.com/cypressbook

트위터 @cypressbook

출판등록 2009년 11월 3일 제2010-000105호

ISBN 978-89-97125-38-8 13590

· 책값은 뒤표지에 있습니다.

· 파본은 구입하신 곳에서 교환해 드립니다.

이 도서의 국립중앙도서관 출판시도서목록(CIP)은 e-CIP홈페이지(http://www.nl.go.kr/cip.php)와 국가자료공동목록시스템(http://www.nl.go.kr/kolisnet)에서 이용하실 수 있습니다.(CIP 제어번호 : 2014000346)